RÈGNE VÉGÉTAL

DE

LA NORWÈGE

DEVANT SERVIR A L'HISTOIRE DES PLANTES
SPONTANÉES ET CULTIVÉES DU NORD DE L'EUROPE,

PAR LE DOCTEUR SCHUBELER
PROFESSEUR DE BOTANIQUE A L'UNIVERSITÉ DE CHRISTIANIA.

RAPPORT DE M. JUGLAR,

LU A LA SOCIÉTÉ D'AGRICULTURE, COMMERCE, SCIENCES
ET ARTS DE LA MARNE, DANS LES SÉANCES DES 15 DÉCEMBRE 1877,
4 ET 15 JANVIER 1878.

CHALONS-SUR-MARNE
IMPRIMERIE T. MARTIN, PLACE DU MARCHÉ-AU-BLÉ, 50

1879.

RÈGNE VÉGÉTAL DE LA NORWÈGE.

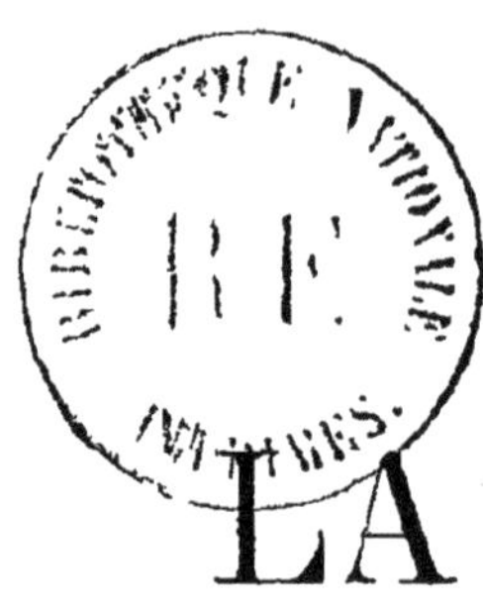

RÈGNE VÉGÉTAL

DE

LA NORWÈGE

DEVANT SERVIR A L'HISTOIRE DES PLANTES
SPONTANÉES ET CULTIVÉES DU NORD DE L'EUROPE,

PAR LE DOCTEUR SCHUBELER

PROFESSEUR DE BOTANIQUE A L'UNIVERSITÉ DE CHRISTIANIA.

RAPPORT DE M. JUGLAR,

LU A LA SOCIÉTÉ D'AGRICULTURE, COMMERCE, SCIENCES
ET ARTS DE LA MARNE, DANS LES SÉANCES DES 15 DÉCEMBRE 1877,
4 ET 15 JANVIER 1878.

CHALONS-SUR-MARNE

IMPRIMERIE T. MARTIN, PLACE DU MARCHÉ-AU-BLÉ, 50.

1879.

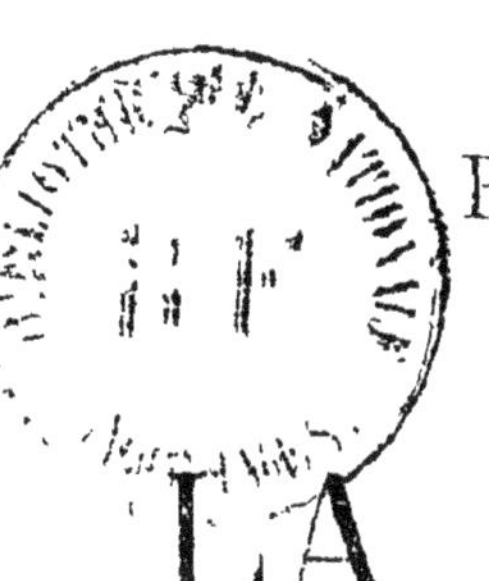

RÈGNE VÉGÉTAL

DE

LA NORWÈGE

DEVANT SERVIR A L'HISTOIRE DES PLANTES
SPONTANÉES ET CULTIVÉES DU NORD DE L'EUROPE,

PAR LE DOCTEUR SCHUBELER
PROFESSEUR DE BOTANIQUE A L'UNIVERSITÉ DE CHRISTIANIA.

RAPPORT DE M. JUGLAR,

LU A LA SOCIÉTÉ D'AGRICULTURE, COMMERCE, SCIENCES ET ARTS DE LA MARNE, DANS LES SÉANCES DES 15 DÉCEMBRE 1877, 4 ET 15 JANVIER 1878.

MESSIEURS,

Vous avez bien voulu renvoyer à notre examen quatre brochures qui vous ont été adressées par la Société académique de Christiania. Toutes ont rapport à la Flore naturelle et cultivée de ce pays. Trois d'entre elles, rédigées en langue norwégienne, qui malheureusement nous est inconnue, n'ont pu être parcourues par votre rapporteur. Elles paraissent, une surtout, avoir pour objet l'introduction des machines nouvelles, que nous voyons, depuis quelques années surtout, venir si puissamment en aide aux efforts de nos agriculteurs.

Il nous a été plus facile de vous rendre compte de la quatrième, la plus importante de toutes, pour la rédaction de laquelle l'auteur a choisi la langue allemande, certainement comme étant plus répandue et pouvant permettre la lecture à un plus grand nombre de personnes.

Cet ouvrage, intitulé *Règne végétal de la Norwège,* ouvrage devant servir à l'histoire des végétaux spontanés et cultivés du Nord de l'Europe, contient, au milieu de recherches et d'observations consciencieuses et minutieuses comme savent les faire et les présenter les infatigables travailleurs du Nord de l'Europe, et nous présente une appréciation du climat, de la culture, des ressources, de l'alimentation, des lois et des mœurs et même des superstitions de ces contrées, généralement trop peu connues. Aussi nous avons pensé qu'il était de notre devoir de vous en rendre compte.

Frappé de l'idée généralement répandue que la Norwège n'est qu'un pays déshérité, habité par des animaux sauvages, couvert de neige, et sur lequel quelques malheureux pêcheurs parviennent à peine à se nourrir misérablement de quelques poissons et de plantes sauvages, l'auteur, le docteur Schubeler, regarde comme un devoir, en exposant l'état de la culture et des productions du sol, d'amener dans le monde savant une appréciation plus juste des ressources que présente sa patrie, et, en même temps, d'ouvrir une nouvelle perspective à une foule d'observations intéressantes et tout-à-fait inattendues.

Après avoir étudié, à l'Université de Christiania, la médecine, qu'il n'exerça que quelques années, le docteur Schubeler abandonna cette science pour se livrer à l'étude de la botanique, qui avait toujours eu pour lui un attrait particulier. Nommé directeur du Jardin botanique de sa ville natale, il organisa dans quelques communes de la Norwege, diversement situées, des succursales où des essais de culture et d'acclimatation sont, sous sa direction, tentés par des adeptes initiés par lui. Il recueille en même temps de nombreuses observations sur la Flore naturelle de ces contrées, et, muni de ces divers documents authentiques, les livre, dans l'ouvrage qu'il publie aujourd'hui, à l'appréciation de l'Université de Christiania et du monde savant.

Notre éminent botaniste donne au Jardin qu'il dirige une préférence marquée sur tous les autres établissements similaires du Nord de l'Europe. Aussi, dès son entree en fonctions, il regarde comme un devoir d'utiliser le jardin qui lui est confié pour l'étude des plantes, sous leur rapport géographique et physiologique. Aujourd'hui il vient exposer le résultat d'observations ne remontant pas à moins de 24 années, et prouve, par de nombreux faits, que de tous les pays situés à la même latitude, la Norwège, par la configuration de son sol, couvert de montagnes malheureusement souvent stériles, mais entre lesquelles s'ouvrent de profondes vallees fertiles et abritées, jouit de la situation la plus favorable à la croissance et à la naturalisation des végétaux.

Le but de l'auteur n'a pas été de présenter une Flore complete de la Norwège, comprenant un catalogue de toutes les plantes spontanées de ce pays avec tous leurs caractères et leur station géographique, mais de choisir celles qui, naturelles ou introduites, offrent un véritable intérêt pratique au point de vue de l'alimentation, des besoins de l'économie domestique et même de l'ornementation.

Commençant par les plantes rudimentaires, l'auteur passe en revue les espèces les plus importantes et les signale à l'attention de ses lecteurs.

Permettez-nous de le suivre de loin et rapidement dans cette voie.

ALGUES.

Nous remarquerons d'abord l'emploi de différentes algues marines pour la préparation de la soude. Ne remontant qu'au commencement du siècle, cette exploitation ne paraît pas jusqu'ici appelée à prendre un grand développement. L'industrie s'est portée depuis quelque temps vers la préparation de l'iode, qui semble devoir donner des résultats plus rémunérateurs. On en tire aussi un engrais qui ne le cède nullement au fumier des étables.

ALARIA ESCULENTA.

Un de ces cryptogames, l'*alaria esculenta* et surtout le *rhodomenia palmata*, sont une ressource précieuse pour la nourriture des bestiaux et même des hommes; leur emploi en Islande remonte jusqu'au Xe siècle. La consommation en a été assez importante pour que la propriété et la récolte en fussent réglementées législativement. Cette nourriture était et est encore considérée comme saine et même nécessaire à la santé. A l'état frais, cette plante a un goût et une odeur agréables qui s'améliorent quand elle a été conservée pendant quelques mois; sa couleur s'éclaircit, et, en la maniant, il s'en détache une matière blanche qui a un goût sucré et a quelque analogie avec le sucre de manne. Salée ou séchée, cette algue se conserve des années. Fraîche ou salée, on l'étend sur du pain comme du beurre ou du fromage; d'autres la font bouillir dans du lait ou de l'eau pour remplacer le gruau.

Il résulte de l'expérience des siècles que ces espèces d'algues, et d'autres encore sans doute, offrent une nourriture savoureuse, d'une facile digestion, et peuvent remplacer le pain beaucoup plus avantageusement que le écorces d'arbres et autres matières analogues que l'on consomme encore dans les années difficiles. Une grande quantité de cet aliment est ramassee pour le bétail, qui en consomme aussi énormément sur pied. Les hivers doux et sans neige permettent aux moutons de paître toute l'année, et ce, depuis si longtemps et en telle quantité que le sol des grottes situées le long de la mer, et que les moutons recherchent instinctivement comme abris, est couvert d'une couche énorme de guano. Jusqu'ici on n'avait pas songé à l'utiliser, mais aujourd'hui l'attention est éveillée, et l'on emploie comme engrais ces richesses accumulées, dans lesquelles l'analyse chimique decèle la présence de l'iode en quantité remarquable.

LICHENS.

Cinq cents espèces de lichens, groupés en 80 genres, habitent le sol de la Norwege. Plusieurs s'elèvent le long des montagnes jusqu'aux limites de la végétation. Peu cependant sont utilises pour la médecine ou l'économie domestique. La *cetraria islandica* se trouve presque partout, depuis les bords de la mer jusqu'au sommet des montagnes recouvertes de neige une grande partie de l'annee, dans les îles Feroe et en Islande.

Connue sous le nom de mousse d'Islande, elle contient jusqu'à 80 p. 0/0 de matieres assimilables à l'organisation animale, ne le cédant que peu aux ressources que nous présentent diverses espèces de céréales. Aussi ce cryptogame est-il recommande depuis plus d'un siècle comme pouvant remplacer les farines extraites des cereales ; mais, comme dans maintes circonstances, nous voyons la routine paralyser les efforts du gouvernement.

Lorsque les Norwegiens, aux IXe et Xe siècles, voulurent coloniser l'Islande, ils cherchèrent à y introduire la culture des céréales ; mais probablement ils échouèrent et n'obtinrent que des résultats insignifiants. Les produits de la chasse et de la pêche durent être la base de leur nourriture. Ils ne purent toutefois se passer complètement d'alimentation végétale et consommèrent nécessairement une grande quantité de mousse d'Islande et autres lichens, qui eurent dès lors et ont encore aujourd'hui une valeur vénale en démontrant l'emploi.

Rien ne prouve mieux la force d'inertie et la puissance de l'habitude que de voir l'habitant de la Norwège, en possession de ces lichens sains et nutritifs, préférer si longtemps, et même encore de nos jours, un aliment aussi grossier que celui connu sous le nom de pain d'écorces.

S'appuyant sur des documents nombreux recueillis par lui, l'auteur combat l'opinion généralement répandue que la Norwège est le seul pays qui fasse usage de ce triste aliment.

D'après Hérodote, l'armée de Xercès a consommé du pain d'écorces. En Norwège, on employait les écorces des jeunes branches de l'orme ou du bouleau et celles surtout des jeunes pousses du pin silvestre, considérées même comme une friandise. Dans la Carélie du Nord, on mélange à la farine de la paille ou de l'écorce de pin. Dans la Russie septentrionale, avec l'écorce de bouleau, on emploie les *sphagnum*, des poissons desséchés ou les tiges de l'année précédente de l'*angélique officinale*. En Chine, on utilise aussi les écorces et les fruits de deux espèces d'ormes de ces contrées. Dans l'Inde, on consomme l'écorce de l'*hibiscus tiliaceus;* et, dans l'Amérique septentrionale, l'écorce intérieure du *thuya gigantea* et celle du *pinus contorta*. Faisons des vœux pour que cette triste alimentation, remplacée par une nourriture saine et fortifiante, disparaisse complètement et devienne bientôt un mythe de l'histoire primitive de nos pères.

CLADONIA RHANGIFERINA.

La mousse des rennes, *cladonia rhangiferina* et ses diverses variétés est l'espèce la plus répandue ; elle couvre des espaces immenses, des bords de la mer jusqu'aux limites des neiges eternelles. Beaucoup des principaux plateaux des montagnes les plus élevées en sont littéralement couverts, au point que c'est à cette richesse naturelle qu'on doit rapporter le caractere particulier de ces contrées. Les rennes sauvages recherchent forcément en hiver cet aliment ; mais, dans l'été, l'herbe des gazons et le feuillage d'autres plantes analogues forment la nourriture de predilection de ces ruminants. Il en serait probablement de même des rennes élevés à l'etat domestique, s'ils n'étaient forces de se contenter de la nourriture qui leur est donnée à l'etable ; et, en effet, les paysans des environs de Roerces pretendent depuis longtemps qu'au printemps de chaque année les rennes domestiques s'élancent, comme s'ils etaient devenus furieux, vers les localités marécageuses, pour y rechercher le *menyanthes trifoliata* ou *trèfle d'eau,* et le mangent avec avidité, même sans être affamés. Les habitants pretendent que l'instinct de ces animaux les pousse à fortifier et à rafraîchir leur estomac fatigué par l'alimentation uniforme et sèche de l'hiver.

On a tenté, vers le milieu du siecle dernier, d'employer ce précieux cryptogame à la nourriture des autres animaux domestiques. Jusqu'ici les essais n'ont pas donné le résultat qu'on en attendait, et il est douteux que les frais occasionnés par la récolte soient en proportion des produits obtenus. Nos animaux domestiques ne pourraient vivre de ce seul aliment ; mais il n'en est pas moins certain que, dans les années où le fourrage a manqué, la cladonie serait fort utile pour la conservation du bétail et rendrait de grands services.

La cladonie a été employée à la fabrication du pain d'écorces; mais on y a promptement renoncé : bien inférieure à la mousse d Islande, la cellulose de la mousse a été reconnue d'une digestion très difficile.

On a cherche, en 1868, à utiliser ce végétal pour la fabrication de l'alcool; mais on n'a pas tardé à reconnaître que, malgré la grande facilité avec laquelle il entre en fermentation, le résultat répondrait difficilement à ce que l'on en esperait d'abord. C'est sur les hautes montagnes que ce lichen peut être récolté dans le plus grand état de pureté relative. Dans les plaines et dans les bois, ce cryptogame pousse mélangé avec toutes sortes d'autres plantes, des aiguilles de sapin et autres conifères ayant un goût désagréable et contenant des huiles résineuses aussi nuisibles à la nourriture fourragere qu'à la fabrication de l'eau-de-vie.

Quelques autres lichens sont encore cités comme pouvant être mélangés à la farine.

LECANORA TARTAREA.

Nous devons vous signaler encore la *lecanora tartarea* et ses variétés comme matière tinctoriale formant un article important d'exportation, principalement vers l'Angleterre.

N'oublions pas non plus la *peltigera aphtosa,* dont la presence dans nos contrees vous a été signalée dans une de nos précédentes seances, et est employée en Norwège d'une maniere plus ou moins rationnelle à la guérison des maladies envoyées par le malin esprit.

CHAMPIGNONS.

Les champignons ont ete jusqu'a ce jour assez peu etudiés en Norwege.

AMANITA MUSCARIA.

L'auteur mentionne diverses espèces comestibles fort recherchées, depuis quelque temps surtout. Un article fort développé est consacré à l'étude des effets de l'*amanita muscaria,* commune en Suède et sur les îles Feroe. Un ami de notre docteur, amateur de champignons, mais peu au courant des bonnes espèces comestibles, s'avisa de manger un plat de cette amanite. Il ne tarda pas à en ressentir les terribles conséquences, et en fut malade au point que, dans un accès de fureur, il voulut prendre à partie le médecin qui était son ami depuis nombre d'années, et, lorsqu'il fut guéri, tout ce qu'on lui racontait de cette maladie lui paraissait un songe.

L'auteur, qui s'est beaucoup occupé de toxicologie, et particulièrement de poisons végétaux, retrouve dans ces symptômes l'origine des fables rapportées sur une race legendaire de géants ayant existé avant l'introduction du christianisme, et appelés Berserker, et sujets quelquefois à des accès de fureur.

Le malade éprouvait d'abord un grand refroidissement; ses membres tremblaient et ses dents claquaient avec force. Le visage se tuméfiait, changeait de couleur; bientôt se manifestait une grande irritabilité, passant même sans excitation à une fureur complète. Pendant ce paroxisme, la force de ces hommes était doublée; ils devenaient insensibles à toute espèce de douleur physique; tout raisonnement et tout sentiment humains étaient tellement suspendus qu'ils ressemblaient à des animaux féroces, dont ils poussaient les cris sauvages, détruisant tout ce qui se trouvait à leur portée, maison, foyer, ami, ennemi. Comme toujours, une grande prostration, pouvant durer plusieurs jours, succédait a cet accès de fureur.

Quelques auteurs russes nous rapportent que les habitants du Kamtschatka et autres peuples du Nord mangent également le champignon dont s'agit. Cette plante produit sur eux tous les effets de l'abus des liqueurs alcooliques.

Ajoutons encore que le mal des Berserker disparut, vers le XIe siècle, avec l'introduction du christianisme, époque à laquelle la morale commença à s'épurer, et où les hommes cessèrent de mâcher ce redoutable cryptogame, dont les effets doivent être assimilés à ceux de l'opium et du haschi.

Cette proprieté a eté longtemps un secret transmis dans les familles des Berserker, qui cherchaient à se procurer ainsi une considération parmi le peuple. Tout le monde les craignait, et ils extorquaient tout ce qu'ils voulaient. Ce secret, gardé et transmis de génération en génération, n'a rien qui doive nous étonner : nous savons bien comment, de nos jours encore, certains remèdes, d'un mérite souvent très contestable, se transmettent dans les familles, de génération en génération.

Le *claviceps purpurea*, plus connu sous le nom de *seigle ergoté*, se trouve aussi fréquemment.

L'auteur cite encore le *lycoperdon bovista* comme plante alimentaire paraissant sur les marches de Christiania, et atteignant la grosseur de la tête. Le musée de cette ville possède même un échantillon de *lycoperdon giganteum* mesurant un diametre de 47 centimetres.

MOUSSES.

Les mousses ne sont que très peu utilisées.

Le *polytrichum commune*, convenablement préparé, est employé à la confection des matelas, et les *sphagnum*, à remplir les vides des parois des maisons, ou bien à garnir les berceaux des enfants.

Les *prêles*, les *fougères*, les *lycopodes* ne méritent aucune mention spéciale ; ces végétaux sont peu nombreux et ne fournissent aux habitants que peu de ressources.

GRAMINÉES.

L'auteur rend un compte détaillé de ses essais de culture de diverses variétés de *maïs;* mais l'introduction de cette plante ne paraît pas avoir encore acquis un développement de quelque importance ; les graines ne mûrissent pas toujours et subissent, au bout de quelques années, une altération très sensible dans leur aspect et dans leur rendement, qui va toujours en décroissant. Dans quelques provinces méridionales, cette plante peut être employée comme plante fourragère.

Nous trouvons à l'état spontané la presque totalité des graminées couvrant le sol de nos prairies. Une partie, toutefois, par suite de la rigueur du climat, disparaît dans les contrées les plus septentrionales, pour faire place à quelques espèces ou variétés nouvelles, et même à quelques genres inconnus dans nos parages. Aucune de ces plantes ne nous présente un intérêt particulier.

La *folle avoine* est très répandue, à l'état sauvage, jusqu'à une altitude de 7 à 800 mètres. Pour combattre le préjugé généralement repandu et partagé, nous le croyons, par quelques-uns de nos cultivateurs, que cette plante, par la culture, devenait l'avoine cultivée, que le défaut de soins ramenait à l'état sauvage, l'auteur a fait et renouvelé plusieurs années de suite des expériences suivies ; il a constate et reconnu que ces deux espèces étaient constantes et bien distinctes.

L'*avena sativa* est l'espece connue en Norwège sous le nom d'avoine. Cette plante exige deux à trois semaines de végétation de plus que l'orge, et dès lors sa culture ne peut s'élever ni aussi haut ni aussi loin vers le Nord. Cependant l'avoine est une des céréales le plus souvent cultivées en Norwège, surtout sur la côte occidentale, entre le 58° et le 64° latitude Nord. On estime qu'en 1865 il en a eté cultivé environ 100,000 hectares ou 54 p. 0/0 de la totalité des terres arables. Il est fait également une certaine quantité d'avoine mélangée avec l'orge, comme le méteil de nos cultures, qui, ajoutée à la culture de l'avoine sans mélange, porte, pour cette année 1865, la totalité des terres ensemencées en avoine pure et en avoine mélangée à 60 p. 0/0 de la somme des terres cultivées à la charrue. D'après un tableau dressé, et comprenant la moyenne des années 1835 à 1855, le rapport du produit à la semence s'élève de 5 à 6 p. 0/0, suivant les années.

Dans les régions élevées, l'avoine est cultivée comme plante fourragere, et dans de bonnes conditions elle s'élève quelquefois jusqu'à une altitude de 1,000 mètres ; la plante émet des épis, mais le grain ne mûrit que très rarement.

En Norwège, l'avoine est une des céréales qui souffrent le plus des gelées de la nuit avant et au moment de sa maturité, surtout dans les contrées occidentales et les vallées attenant aux montagnes élevées. L'expérience nous apprend que ce fait se produit principalement dans le dernier tiers du mois d'août, lorsque le ciel est clair et calme. Ces nuits s'appellent nuits de gelée et correspondent aux gelées de mai des pays plus méridionaux. Cette époque critique peut se prolonger; mais, en général, le laboureur se regarde comme sauvé quand il atteint le milieu de septembre. Dans les contrées élevées, où ces nuits de gelée rendent la culture des céréales souvent précaire, on a recours, depuis les temps les plus reculés, à un moyen préventif et spécial qui réussit souvent. En brûlant des branchages, de la tourbe et autres produits analogues, on produit une fumée qui se traîne lentement sur les champs. Le cultivateur norwégien croit ainsi réchauffer l'atmosphère et a souvent, par ce procédé, sauvé ses récoltes. Cette méthode, on le sait, est pratiquée au printemps en Styrie, au Tyrol et en France pour la préservation de la vigne. On la trouve recommandée par Pline et employée au Pérou par les Incas, qui paraissent s'être très bien rendu compte qu'il n'y avait pas là réchauffement de l'atmosphère, mais formation de nuages artificiels.

Le ray-grass a été récemment introduit et paraît vouloir persister dans les prairies artificielles.

L'introduction des machines à nettoyer le blé a beaucoup diminué la présence dans les céréales des graines nuisibles, et notamment celle du *lolium temulentum,* qui se développent dans certaines années au point d'amener de graves inconvénients pour l'alimentation. Nos pères disaient alors : « La moisson est abondante, mais le blé n'a pas réussi ; il y a mal chance dans l'air, un orage à la moisson a tout gâté. » L'évêque Isleif d'Islande s'est vu, dit-on, dans le cas de bénir, pour la rendre potable, de la bière fabriquée avec de l'orge contenant de l'ivraie.

FROMENT.

Dans la Scandinavie, on cultive diverses variétés de froment d'été et d'hiver. La culture du froment d'été est la plus générale en Norwège, et y a même pris, depuis quelques années, un grand développement. La limite extrême de latitude à laquelle on puisse espérer un résultat favorable ne dépasse guère 300 mètres au-dessus de la mer et 60° latitude nord, à quelques exceptions près pour les années chaudes. Skibotten, dans la paroisse de Lyngen, est vraisemblablement la localité la plus septentrionale du monde où le froment a pu mûrir.

L'auteur possède un très bel échantillon de froment semé le 9 mai, germé le 23, mûr le 30 août, conséquemment dans une période de 114 jours, et ce, malgré une couche de neige de 78 millimètres tombée le 28 mai. Ces exemples ne se présentent que rarement et ne sauraient représenter l'état normal de la végétation. Dans les conditions et les années ordinaires, on peut estimer que, en Norwege, le froment d'été, en moyenne, a besoin de 100 à 110 jours pour arriver à maturité, la végétation commençant le 1er mai. Le froment d'hiver est récolté fin août. La paille de celui-ci est un peu plus grande que celle du froment d'été.

En 1865, la culture de cette graminée comprenait environ 10,000 hectares, dont la moitié en froment d'été, soit environ 2.57 p. 0/0 de la surface consacrée à la culture des céréales.

Le rendement peut être estimé huit fois la semence confiée à la terre.

SEIGLE.

Sur le sol de la Norwège, on cultive le seigle d'été et le seigle d'hiver, mais principalement ce dernier. La limite extrême de culture s'eleve jusqu'à 69° de latitude, et, malgré ce chiffre élevé, la plante ne demande, pour le seigle d'été, que 115 jours environ du jour de la semence à celui de la récolte, et, dans les annees tout-à-fait exceptionnelles, 94 et même 89 jours suffisent. En Suède, le seigle remonte le long de la côte jusqu'à Haparanda, 66° : à Vahlenberg, 67° 1/2 , on n'a pu obtenir en quinze années que deux récoltes arrivées à maturité à peu près complete.

Près de Christiania, le seigle d'hiver commence à pousser vers le mois de mai ; les épis paraissent en juin, et, dans les années favorables, la moisson a lieu fin juillet ou commencement d'août.

La culture d'hiver de cette céréale pourrait, d'après ces données, s'élever, comme celle de l'orge, sur les flancs des montagnes jusqu'à la hauteur de 600 metres ; mais là, dans les vallées élevées, les neiges précoces et persistantes empêchent souvent la terre de geler. Dans ces conditions, le jeune seigle pourrit pendant l'hiver. Aussi préfère-t-on le seigle d'été dans toutes les vallées du Nord de la Norwège.

Pour mieux profiter du temps si restreint pendant lequel la végétation peut se développer, et obtenir ainsi pour le seigle d'hiver des plantes plus fortes et mieux en état de résister aux intempéries sans condamner un champ à ne donner qu'une récolte en deux ans, on emploie, depuis une vingtaine d'années, la méthode suivante, dont on obtient de bons résultats :

Au printemps, on sème environ deux parties d'orge mélangées avec une de seigle. Après la récolte de l'orge, le seigle continue encore un peu à végéter, supporte bien l'hiver et mûrit ordinairement fin d'août. Dans ces circonstances, le rendement du seigle a été souvent de 10 à 21 pour un ; mais l'on n'obtient de l'orge qu'un produit sensiblement plus faible que si elle avait éte semée seule. Cette méthode est suivie presque partout en Suisse, dans les vallées souvent envahies par la neige.

La culture du seigle couvrait en 1865 environ 10,000 hectares, ou 6.70 p. 0/0 des terrains employés à la culture des céréales.

Le rendement moyen peut être évalué à environ 11 fois la semence.

ELYMUS ARENARIUS.

Dans les années de disette, la graine de l'*elymus arenarius* peut être mélangée avec les céréales et même, dit-on, les remplacer quelquefois comme substance alimentaire; mais c'est une ressource très-précaire et d'un rendement presque nul ; un besoin pressant peut seul forcer les malheureux à y avoir recours. On se sert encore de cette plante pour maintenir les talus des terres trop légères.

La paille sert à couvrir les habitations.

ORGE.

La variété d'orge à epis quadrangulaires est celle qui est généralement cultivée, et c'est d'elle qu'il est question quand on parle en Norwège d'orge en général.

Des essais d'orge d'hiver ont été tentés.

Quand le sol est gelé à une profondeur de trois à quatre pouces, que la neige le recouvre et persiste pendant toute la mauvaise saison, l'orge d'hiver se comporte ordinairement bien; mais par les changements de température la semence même est perdue. Cette culture ne saurait être recommandée.

Alten, dans la Finlande occidentale (70°), est la limite extrême des terrains où l'orge est cultivée. On sème fin mars ; au commencement de juin, milieu de juillet paraissent les épis, et on récolte fin août. En moyenne, 90 jours en tout.

La culture de l'orge n'a pas augmenté depuis quelques années, à cause du haut prix de la main-d'œuvre à l'époque de la moisson, qui est en même temps le moment le plus fructueux pour la pêche. Le cultivateur recherche dès lors plutôt la production du fourrage, et achète de la dès lors plutôt la production du fourrage, et achète de la farine de seigle à Arkhangel. Cependant l'orge de ces contrées trouvant un prix rémunérateur pour être employé comme semence, la culture n'en cessera probablement jamais entierement.

L'avantage que les industrieux habitants de ces contrées trouvent à tirer leur semence de la limite même où la plante est cultivée nous prouve toute leur intelligence et nous révèle en même temps un phénomène de physiologie végétale que nous devons vous signaler :

Dans le district d'Alten (70°), exceptionnellement abrité, l'orge parvient à sa maturité ; mais la plante s'est acclimatée et se hâte de donner sa récolte en 80, 60 et même exceptionnellement 55 jours. Précocité précieuse dans ces froides contrées, où la récolte ne peut pas toujours arriver à une maturite complète.

En employant cette semence à Christiania, par exemple, (60°), on gagne généralement la première année 20 à 30 jours sur la période de végétation ; la deuxième, l'avance est moindre, et la troisième ou la quatrième, les produits ne sont pas plus précoces que ceux obtenus des semences du pays.

La contre-épreuve a été faite : les semences de Christiania, transportées à Alten, exigent pour la maturité de leurs produits un temps bien plus long que les orges du pays ; mais au bout de trois à quatre ans, elles ne diffèrent plus des orges indigènes.

Une mauvaise campagne est une calamité d'autant plus grande pour les pays produisant la semence que les cultivateurs, pour pouvoir ensemencer et vendre, sont obligés d'acclimater de nouveaux produits, ce qui demande toujours, comme nous l'avons vu, deux ou trois récoltes.

En raison de ces faits, le Nord du royaume vend des

semences au Sud et lui achète des grains pour sa propre consommation.

On cultive souvent avec succes, même jusqu'au 61°, et, à une altitude plus élevée, l'orge comme plante fourragère; on a même fait des tentatives pour l'y amener à maturité; mais bien que le hasard puisse favoriser le cultivateur, il arrive trop souvent qu'il est trompé dans ses espérances. La limite extrême sur laquelle on peut compter d'une manière à peu près certaine ne s'élève pas au-delà de 62° et 428 mètres au-dessus du niveau de la mer; limite très-favorable si on la compare à celle constatée dans la Forêt-Noire, les Vosges et le Harz.

En 1865, 50,000 hectares ou 27 p. 0/0 des terres arables ont été ensemencés en orge; le rendement moyen peut être évalué à 7 fois et 1/2 la semence.

Depuis quelques années, il a été reconnu, et avec raison, que sur les hautes montagnes l'élevage du bétail est la seule source réelle et certaine de produits; la culture si précaire des céréales tend donc à diminuer tous les ans, et ne cherchera bientôt plus à s'étendre au-delà de ses limites naturelles.

La fonte des neiges se prolonge quelquefois au printemps de manière à compromettre le temps déjà si restreint de la végétation; pour gagner le plus possible de ces journées indispensables à une heureuse maturité, le cultivateur répand sur la neige de la terre noire ou toute autre matière de couleur foncée pouvant servir d'engrais. La chaleur, se trouvant ainsi absorbée et concentrée, amene une fusion plus prompte. Saussure affirme que cette methode a été également pratiquée en Suisse.

Pour achever la maturité des céréales et obvier aux désagréments causés par un temps pluvieux, on dispose les gerbes d'avoine et d'orge enfilées le long de perches verticales exposées au soleil. Une gravure sur bois, intercalée dans le texte, explique parfaitement cette méthode, qui peut-être pourrait être utilement adoptée dans nos contrées.

Les Scandinaves célebrent la Noel avec autant de ferveur que toute autre nation. Chacun, ce jour-là, eu égard à sa position, vit mieux qu'à l'ordinaire et n'oublie jamais les oiseaux vivant autour de l'habitation. Suivant une touchante coutume, particulière à ces contrées, chaque veille de Noel, le propriétaire suspend devant sa maison une gerbe bien garnie de grain, comme s'il voulait ainsi, dans ces temps rigoureux où la neige recouvre la terre et ou les oiseaux ne trouvent que bien difficilement à se nourrir, réaliser pour eux ces paroles du Rédempteur : « Voyez les oiseaux du ciel, ils ne sèment pas, ils ne moissonnent pas, ils n'emmagasinent pas dans les granges, et notre Pere céleste les nourrit. »

L'auteur se proposait primitivement d'intercaler dans son ouvrage un précis des mœurs et coutumes de la Scandinavie, et a réuni dans ce but une foule de matériaux précieux et curieux, qui ont fini par s'accumuler au point de fournir la matière et l'objet d'un ouvrage spécial, qu'il a l'intention de publier tout prochainement ; il se borne pour le moment à signaler quelques usages particuliers à l'agriculture et à en rechercher l'origine plus ou moins douteuse.

Le coffre à farine ne doit jamais être vidé complètement ; quand même il n'en resterait qu'une poignée, elle suffit pour qu'il se remplisse bien plus vite. Lorsque dans l'hiver il est rempli, il ne faut pas manquer, pour le bénir, de faire une croix sur le tas de farine : il durera plus longtemps et sera à l'abri de toute espece de sortilège ; il en est de même pour la pâte tout aussitôt qu'elle est faite, et pour le baril contenant le beurre. Après avoir égorgé un animal domestique, et aussitôt que les intestins sont rétirés, dans presque tous les pays, on taille une croix sur le foie ou sur le cœur. Dans quelques contrées, la veille de Noël, on peint avec du goudron une croïx sur le flanc du bétail ou sur la porte de la muraille de l'étable. Cette opération est renouvelée sur le betail lorsqu'au printemps il abandonne l'étable et est envoyé dans les pâturages.

La veille de Noël, on jette dans le feu un peu de malt, et à Pâques un peu de sel.

Dans le midi du district de Drontheim, lorsqu'on achète un cheval, l'usage est de l'amener jusque dans la chambre, auprès de la table de la famille, afin qu'il se sente de la maison et prenne les intérêts de son nouveau maître.

Dans quelques localités du même district, quand on introduit un porc dans une nouvelle ferme, on ne manque jamais de porter dans le nouveau local un couteau ou un instrument d'acier, ou du feu, principalement quelques charbons ardents. L'origine de cette coutume, qui n'a lieu que pour les porcs, est inconnue.

Dans plusieurs localités, on met également un couteau ou un instrument contenant de l'acier dans le seau à lait lorsqu'on trait une vache pour la première fois après son veau, en ayant bien soin que le premier jet du lait tombe sur l'acier. On renouvelle cette opération aussitôt que la vache donne moins de lait, ce qui est nécessairement attribué aux puissances infernales. Le lait transporté de l'étable dans une maison voisine est recouvert d'un linge, pour empêcher les sorcières d'y exercer quelque maléfice.

Dans d'autres contrées, on arrache au jeune bétail les longs poils raides placés isolément au-dessus des yeux, afin que les animaux s'attachent à leur maître et s'habituent à lui sans le craindre.

Quand les vaches ne prospèrent pas dans les pâturages, on leur fait prendre trois jours de suite un peu de cire empruntée à un cierge béni.

Un remède efficace pour les maladies des vaches consiste à tuer, le 8 septembre, jour de la fête de Marie, un serpent, que l'on fait sécher et que l'on pulvérise, en ayant bien soin, dans ces diverses operations, d'éviter de toucher le reptile avec la main.

Suivant les contrées, divers moyens sont employés pour guérir une vache qui a perdu l'appétit.

Parfois on lui donne un peu de foin provenant de trois granges différentes, ou bien on se rend dans un moulin où, après avoir fait sur le plancher le signe de la croix, on prend aux quatre coins de l'édifice de la farine qui sert à traiter la bête malade; dans d'autres endroits, on coupe un petit morceau de l'oreille d'un chat. Ce petit morceau est mélangé à la pâte du pain pour le faire manger à l'animal malade. Ce moyen est infaillible. Dans les pays où regne cette croyance, on rencontre beaucup de chats avec l'oreille coupée.

Mais le moyen le plus ordinaire dans ce cas est celui appele *Klumsebite*, pour lequel il existe plusieurs préparations diverses :

On fait manger a l'animal un morceau de pain dans la pâte duquel on a mélange quelques-unes des excroissances produites à l'extrémite des branches du genévrier par la piqure de la *cecidomya juniperi*.

Dans d'autres localités, la maîtresse de la vache (les hommes ne paraissent pas se livrer personnellement à ces sortes de pratiques) doit, de grand matin et à jeun, se rendre chez son voisin, le dos tourné à la maison et s'asseoir sur le seuil. Si la voisine est une femme tant soit peu expérimentée, elle sait ce que cela veut dire, et, sans aucune parole de part ni d'autre, elle met dans la main de sa compagne un morceau de pâte ou de pain dans lequel se trouve une certaine quantité de la préparation de genievre ci-dessus ou quelque chose d'analogue. La femme, tenant la main derrière le dos, retourne chez elle avec le précieux remède. Pendant la course, il lui est défendu de regarder à droite ou à gauche, ou de parler à qui que ce soit. Arrivée à la porte de l'écurie, elle doit y entrer à reculons, et, dans cette position, faire manger à la vache ce que la voisine lui a donné.

Dans d'autres localités, la femme propriétaire de la vache se rend, la tête couverte, à la maison de son voisin, entre dans la chambre sans dire un mot, prend trois différentes substances alimentaires ; si elle ne trouve pas ce qu'elle cherche, elle frappe trois coups sur la table : chacun apprend alors le but de la visite.

Il en est du remède contre les maladies du bétail comme de ceux appliques aux hommes. Dès que la cause en est attribuée à un être surnaturel, c'est à la même source, c'est-à-dire à la superstition, que l'on demande le remede à leur appliquer.

Ne rions pas trop, Messieurs, de ces pratiques superstitieuses ; nous n'aurions pas besoin de beaucoup fouiller dans les anciennes pratiques et recettes, autrefois et peut-être bien encore aujourd'hui en honneur dans nos campagnes ou dans nos villes, pour en trouver qui n'étaient pas plus rationnelles. Elles sont nées de l'ignorance et disparaissent devant les progres de l'instruction, aujourd'hui si heureusement et si largement distribuée autour de nous, dans tous les pays.

CYPÉRACÉES.

Parmi les cypéracées, les *carex vesicaria* et *ampulacea* sont seuls utilisés, soit à l'état naturel, soit apres avoir subi l'operation du teillage ; on les emploie pour remplacer les bas et garnir les chaussures en peau de renne.

LILIACÉES ASPARAGEES.

L'asperge se rencontre à l'état sauvage dans les contrées meridionales jusqu'à Christiania ; elle est cultivée environ jusqu'au 63° comme plante alimentaire ; on pourrait peut-être l'utiliser dans des contrées plus septentrionales, car elle remonte même jusqu'à Tornea, mais seulement dans les jardins, comme plante d'ornement.

L'oignon et l'ail ont été cultivés dès l'antiquité la plus reculée. Dans la relation de la bataille de Sticklestadt, 31 août 1030, où le roi de Norwège, Olaf-le-Saint, perdit la vie, on raconte que quelques blessés furent pansés dans la maison d'une femme exerçant la médecine. Sur un feu, au milieu de la chambre, elle entretenait, pour laver les blessures, de l'eau chaude dans un récipient en pierre. Dans un second vase, elle avait prépare un mélange de purée d'oignon ou d'ail et d'autres herbes. Elle en faisait manger aux blessés pour connaître ainsi si les blessures pénétraient jusqu'aux intestins ; car, dans ce cas, l'odeur des oignons sortait par la plaie.

La culture de ces condiments paraît avoir été importante, au point d'être réglementée par les lois et ordonnances des XIIIe et XIVe siecles. Dans l'une d'elles, nous lisons cette disposition :

« Si quelqu'un s'introduit dans le jardin aux oignons ou
» à l'angélique appartenant à autrui, il n'a pas droit de se
» plaindre si on le rosse ou lui enlève tout ce qu'il porte
» sur lui. »

Il n'est pas possible de préciser au juste l'espèce d'ail ou d'oignon dont il s'agit ; ce qui est plus probable, c'est que plusieurs variétés étaient connues et employées.

Dans la légende d'Edouard-le-Confesseur, un homme svelte est comparé à un oignon. Le mot *lauck*, ail, fut même employé par les poetes pour désigner une taille ou une figure belle entre toutes les autres. Il est dit du fameux héros Sigurd qu'il s'elevait au-dessus des autres hommes comme un oignon au-dessus des brins d'herbe qui l'entourent. Souvent la femme est désignée sous le nom de tilleul ou chêne des oignons, ou même encore reine des oignons.

Ailleurs, l'oignon et l'ail sont appelés l'herbe royale (krongrass) de la forêt.

Il est probable que ces mots n'ont pas toujours désigné nos oignons alimentaires, mais plutôt diverses espèces de liliacees servant à l'ornementation des jardins. Le lis n'a-t-il pas toujours été considéré comme le symbole de la beauté et de la pureté?

ORCHIDEES.

Nous trouvons rappelées, à propos de l'*orchis maculata*, toutes les idées répandues autrefois sur les vertus aphrodisiaques des orchidées.

Tantôt il suffit de mettre les tubercules sous l'oreiller d'une personne endormie pour s'en faire aimer.

Tantôt, comme en Islande, en les déposant dans le lit de deux époux divisés, on amene certainement une réconciliation.

Dans les îles Feroe, on les fait bouillir dans l'eau que l'on fait boire aux taureaux.

Les tubercules bouillis sont employés dans diverses maladies.

GENEVRIER.

Dans toute la Scandinavie, jusqu'au cap Nord, on rencontre des spécimens de genévriers nains, même beaucoup plus petits que les bouleaux nains. Dans la province méridionale, on trouve rarement cet arbuste à une hauteur excédant 1,250 mètres au-dessus du niveau de la mer; mais à cette altitude, les graines ne mûrissent pas; les oiseaux seuls peuvent en avoir apporté la semence.

Dans les îles Feroe, quelques arbres atteignent un développement de 6 à 7 mètres de haut; leur tronc est de la grosseur du bras ; c'est la forme alpestre.

Les genévriers diffèrent étonnamment par la grosseur et la forme de la tête, la disposition et la couleur des feuilles, qui ont de 3 à 18 millim. de longueur; entre ces deux extrêmes, on rencontre toutes les formes intermédiaires, auxquelles il serait bien difficile d'appliquer une dénomination spéciale.

Lorsque les branches inférieures de cet arbuste viennent à toucher la terre, elles émettent facilement des racines, et souvent on constate que la partie de la branche qui se trouve entre le tronc et les nouvelles racines est entièrement désséchée, tandis que le nouveau rejeton, vivant de sa vie propre, s'élève perpendiculairement et projette lui-même de nouveaux buissons.

Dans les provinces méridionales, le genévrier prend souvent une forme étroite et pointue ressemblant presque à un fût de colonne analogue a celle du cyprès, et s'élève alors jusqu'à 12 à 13 metres. La nature du sol est peut-être la cause de ce développement anormal. Il y a dix à douze ans, l'auteur a semé des graines de genévrier en buissons, qui ont produit des arbustes hauts aujourd'hui de 125 cent., étroits et terminés en pointe.

Un spécimen remarquable de cette forme existe à deux milles de Christiania; il a atteint une hauteur de 4^{m} 90, et son plus grand diametre à la couronne n'est que de 0^{m} 76.

Nous avons pu constater souvent, dans les forêts de nos

contrées, ces deux formes buissonnante et pyramidale.

Il est assez extraordinaire que le genévrier paraisse se développer en Scandinavie mieux que dans tout autre pays de l'Europe. Dans les provinces méridionales, ces arbustes atteignent souvent une hauteur de 6 à 7 mètres et un diamètre de 15 à 24 centimètres pris à hauteur de ceinture.

Dans l'intérieur de la Finlande occidentale se trouvent, par contre, quelques buissons ne s'élevant jamais à plus de 50 centimetres, dont les branches, étalées horizontalement et généralement du même côté, atteignent 3 mètres à 3 mètres 50 de longueur. Les troncs sont très-rabougris et ont un diametre quelquefois de 30 à 35 centimètres ; mais alors tous sont creux et ne conservent qu'une croûte ou écorce de 7 à 8 cent. d'épaisseur au plus. Les couches concentriques de la végétation indiquant l'âge de l'arbre sont détruites au centre, et celles qui restent sont beaucoup trop rapprochées pour qu'on puisse les compter.

Le genévrier sert à divers usages :

Les fruits avant leur maturité et les jeunes pousses sont distillés, à temps perdu, par les femmes, dans des appareils d'une construction primitive, et fournissent l'huile essentielle de genièvre.

En songeant à l'inépuisable quantite de matiere premiere si facile à récolter, il est à croire qu'il serait aisé de trouver là un objet d'exportation très avantageux pour la Norwège.

Les fruits murs sont recherchés par diverses especes de grives qui en sont très friandes. Mélangés avec du beurre, ils assaisonnent, en Islande, les poissons séchés.

Dans quelques districts, pour la fabrication de la bière, au lieu d'eau pure, on emploie une légère décoction de genièvre, ce qui, lorsqu'on y est habitué, donne à cette boisson un goût très agreable. Cet usage remonte à une epoque tres reculee, lorsque l'emploi du houblon était encore inconnu ; il s'est même encore conservé dans certaines localités.

Une décoction de genièvre est employée pour nettoyer et assainir les vases en bois préalablement frottés avec de la presle.

Les branches du genévrier servent aussi à fumer la viande et les poissons et à purifier l'air des écoles et de tous les lieux où beaucoup de monde se trouve réuni. Les jeunes pousses de cet arbrisssau servent aussi à la nourriture de l'élan, ce précieux ruminant, qui, protégé par de nouvelles lois, s'est beaucoup multiplié depuis quelques années.

On en retire, en outre, une espèce de résine employée comme médicament dans les maladies graves, et souvent lorsque le malade est déjà dans un état desespéré. L'auteur ne paraît pas avoir une grande confiance dans l'efficacite de ce remède.

Le bois est dur, susceptible de recevoir un beau poli et propre à la fabrication des meubles. Après 30 ans, les tables conservent encore l'odeur propre au bois qui a servi à les établir. On en fabrique, pour le laitage et quelques autres usages domestiques, des vases qui sont d'une très longue durée.

Les arbres d'une forte dimension sont rares en Norwège ; aussi sont-ils généralement l'objet de quelque superstition. C'est ainsi que chacun croit qu'un genévrier, représenté dans l'ouvrage, page 144, ne pourrait perdre une de ses branches sans qu'un animal de la maison ou le maître lui-même ne meure à l'instant. Le hasard a récemment augmenté cette croyance superstitieuse : un charpentier qui avait besoin d'une cheville coupa une branche de l'arbre sacré, et un porc mourut au même instant dans l'étable.

La nuit, on entend, près des gros genévriers, des éclats de rire, de la musique et le son de l'argent que comptent les puissances infernales. Même dans le jour, le sommet de l'arbre est eclairé et le buisson paraît être tout en flammes. Cette clarté provient de l'éclat de l'or exposé au soleil.

Dans les croyances populaires, comme les Sagas en font foi, le genévrier est représenté comme un arbre sacré; avec le chêne et le sorbier, il a été consacré au dieu Thor. L'empreinte du marteau sacré imprimée sur les baies est une preuve évidente de ses relations avec le dieu. Cette marque se retrouve encore à l'extrémite des écailles charnues qui accompagnent le fruit.

On trouve chez presque tous les peuples de la race indo-germanique, et surtout en Norwège où le dieu Thor était le dieu le plus puissant et le plus vénéré, ces croyances superstitieuses, qui reposent sur la vertu efficace que l'on attribuait à ces signes imprimés par le dieu du tonnerre.

On rencontre en Norwège quelques bandes de vrais Bohémiens (l'auteur en a connu deux qui fréquentaient la ville où il est né). Pour procéder à leur mariage, les futurs epoux faisaient avec le soleil trois fois le tour d'un genévrier. Pour rompre cette union, il suffisait de renouveler cette même cérémonie, mais cette fois en sens inverse par rapport au soleil.

CONIFERES.

PINUS SYLVESTRIS. — ABIES EXCELSA.

Le *pinus silvestris,* pin silvestre, et l'*abies excelsa,* vulgairement épicéa, constituent en grande partie les forêts de la Norwège. Les plus grandes forêts du royaume se trouvent dans les districts de l'Est, c'est-à-dire dans les environs de Christiania, de Hamar et de Drontheim, tandis que les contrées occidentales en sont généralement privées.

Qu'il nous soit permis tout d'abord, une fois pour toutes, de remarquer que, dans un pays aussi accidenté que la Norwège, où les conditions du climat et de la végétation doivent être et sont nécessairement très-différentes dans des contrées quelquefois très-peu distantes les unes des autres, il est souvent impossible de ramener à des chiffres précis l'altitude des diverses plantes ; la nature du sol et la position des lieux nous mettent dans la nécessité d'admettre immédiatement de nombreuses exceptions.

Toutefois, il est généralement possible de trouver une base qui puisse être adoptée comme bonne moyenne.

De la partie méridionale, vers le 61° de latitude jusqu'à la limite extrême de la Norwège, vers Tornea, l'altitude extrême des sapins décrit une courbe s'abaissant de 1,000 à 200 mètres au-dessus du niveau de la mer.

De la pointe méridionale du pays jusqu'au 62° environ, se trouvent, en quelques endroits, de gros troncs de sapins bien conservés, situés à quelques centaines de mètres au-dessus des limites actuelles. Ces restes d'anciennes forêts, détruites soit pour le chauffage, soit pour la construction des maisons, nous amènent à penser que la végétation atteignait autrefois une plus grande altitude. On peut admettre que, pour le pin silvestre, la limite d'altitude s'éleve à 100 mètres de plus que pour l'épicéa. Cette règle n'est cependant pas sans exception.

Ces conifères s'étendent presque jusqu'à la limite extrême du pays au nord et à l'ouest. Quelques-uns y atteignent même encore un développement considérable. Des forêts de pins importantes se trouvent encore, au nord de Prola, jusqu'au 67°. En Sibérie, ces arbres s'élèvent jusqu'au 65° et même 66°, mais jamais au-delà du cercle polaire.

Les arbres les plus beaux et les plus élevés ont été

abattus pour la confection des mâts ; aussi est-il difficile de trouver, même dans le sud de la Norwège, un pin de la hauteur de 100 pieds ou 33 mètres. Aussi l'auteur croit-il devoir citer quelques-uns de ces rares échantillons.

Il fait mention de deux rondelles ayant un diamètre de 87 centimetres et accusant 400 ans d'âge. A quelques milles de Christiania, un pin, dont la hauteur n'a rien de remarquable, mesure 3ᵐ 40 de circonférence. On affirme que quand cet arbre sera abattu un incendie dévorera la ferme la plus voisine.

Le temps nécessaire à un pin pour parvenir à une grosseur suffisante pour pouvoir être utilisé dans les constructions est très variable, dépend de diverses circonstances et ne saurait être précisé. Cependant on peut admettre que, dans les contrées méridionales, un pin de 100 à 150 ans peut donner une poutre de 5 mètres de long sur 31 de diamètre au petit bout. Mais bien des circonstances peuvent amener un résultat complètement différent, même dans des localités voisines l'une de l'autre. Un arbre abattu en 1863, à une altitude de 60°, mesurait environ 22 mètres de hauteur sur 31 de diamètre, et était âgé d'au moins 400 ans.

L'ensemble des arbres varie beaucoup aussi dans la forme de la couronne, la grosseur des fruits, la disposition, la largeur, l'épaisseur et la longueur des aiguilles, toujours comprise entre 20 et 23 millimètres.

Sur le bord de la mer, le pin exposé aux vents des tempêtes prend une forme particuliere indépendante du sol. Là, cet arbre n'atteint qu'une hauteur médiocre ; le tronc, par contre, se développe beaucoup plus, et la couronne prend une forme plate et un peu voûtée, qui rappelle celle du cèdre. Dans cet état, le tronc ne présente que très peu d'obier, tandis que le cœur est brun et très riche en matière résineuse.

Il est douteux que les pins puissent, avant l'âge de 25 à 30 ans, donner des graines fertiles.

Le pollen des pins et sapins est utilisé, comme le lycopode, pour les soins à donner aux jeunes enfants.

Lors de la floraison, le pollen est souvent emporté par le vent jusqu'à une distance d'au moins un demi-mille. Une pluie soudaine le précipite quelquefois sur la surface de l'eau des étangs voisins, qui se trouvent recouverts d'une couche de couleur jaune. Le vulgaire peu éclairé croit alors qu'il a plu du soufre et regarde ce fait comme un présage de guerre.

Les fibres longues, minces et souples sont employées à fabriquer des corbeilles ou d'autres ouvrages jolis et solides.

Les Lapons, en fendant les racines, en font des cordons depuis la grosseur d'un fil jusqu'à celle du pouce. Ces fils sont forts et souples et employés à divers usages. On en fait même des lignes à pêcher fabriquées avec une dextérité telle qu'il est impossible d'apercevoir le moindre raccordement.

L'auteur appelle notre attention sur l'*abies excelsa*, variété *viminalis* appelée aussi *sapin serpent*. Les branches principales de ce conifère n'emettent pas, ou tout au moins très rarement, des sous-branches latérales, et ne prennent leur développement que par le prolongement des branches primitives.

Les aiguilles sont plus longues, plus épaisses, assez fortes et presque en faucille, infléchies vers l'extrémité de la branche.

Cette variété, regardée autrefois comme très rare, a été découverte depuis quelque temps dans plusieurs localités : elle paraît être une véritable anomalie. Sous le N° 27, page 162, l'auteur nous donne une gravure sur bois de la photographie d'un spécimen très-remarquable de cette variété si singulière.

Il n'y a pas plus d'une vingtaine d'années que le docteur Goeppert, de Breslau, a remarqué et constaté que, dans certaines conditions, les sapins peuvent se multiplier par leurs branches inférieures qui venant à toucher le sol, émettent des racines et deviennent ainsi elles-mêmes de nouveaux arbres. Cette faculté est propre au genévrier, comme nous l'avons dit, et nous la signalerons plus loin pour l'if (*taxus baccata*). Une dizaine d'années après cette remarque du savant professeur de Breslau, elle fut pleinement confirmée, en Norwége, dans diverses localités et à diverses altitudes.

Il est démontré aujourd'hui que cet enracinement se produit toujours dans des conditions telles que les jeunes arbres se trouvent en ligne d'un seul côté, abrités par la plante mère contre la violence du vent habituellement régnant.

L'attention une fois éveillée sur ce mode de multiplication, on s'aperçut bientôt que les exemples n'étaient pas aussi rares qu'on aurait pu le croire. Quand les arbres trouvent un arbri convenable, les branches enracinées forment souvent autour du tronc mère un cercle presque régulier, et atteignent, à hauteur de ceinture, un diamètre de 20 à 25 centimètres. On peut même observer jusqu'à trois enracinements successifs émanant de la même souche.

Un exemple frappant d'une famille de sapins, qui s'est formée de cette manière, se trouve près de la ville de Kruzéro, sur la côte sud de la Norwège. Le docteur Hermann, qui en a suivi le développement pendant une longue succession d'années, en fait la description suivante :

Le tronc mère, situé au pied d'une colline et élevé de $9^m 40$, a un diamètre de 94 centimètres à hauteur de ceinture. A une hauteur de 36 centimètres, trois branches se détachent du tronc principal et reposent en grande partie sur le sol ; elles sont, sur plusieurs points, fortement enracinées. De là, à une distance de 2m 50, se sont élevés six nouveaux pins réguliers qui, en 1874, avaient atteint une hauteur de 4m 70. Les arbres renversés par le vent, et tenant encore au sol par quelques racines, sont très-aptes à devenir la souche de nouveaux rejetons. Dans nos contrées, cette faculté existe chez beaucoup d'arbres de diverses essences.

Partout, en Norwège, où croît le sapin, l'usage veut que l'on plante deux de ces arbres à la porte d'une maison aussitôt le décès d'un de ses habitants, et l'on sème devant l'habitation et le long du chemin jusqu'au cimetière de petites branches du même arbre.

L'écorce est employée pour les tanneries et les branches pour la construction des palissades. Presque partout, la résine brute est employée comme tabac à mâcher par les enfants et même par les adultes. Le même usage règne également en Suède et dans les pays du Nord.

Dans ces dernières années, on a commencé à réduire en pâte, avec addition d'une quantité d'eau convenable, le bois de sapin sans nœuds et à l'employer à la fabrication du papier. Il existe plusieurs fabriques de ce produit, qui est en grande partie consommé dans le pays.

Mais la majeure partie des pins et sapins est utilisée comme bois de chauffage et de construction. Une grande quantité de celui-ci est exportée à l'état brut ou façonné.

Dans ces derniers temps, la somme des exportations s'est élevée à plus de 66 millions de pieds cubes environ, ou 2 millions de mètres cubes. Leur valeur, calculée franco à bord dans les ports de la Norwège, peut être évaluée à 7 millions 1/4 de thalers norwégiens ou 125 millions de francs. La consommation intérieure, comme quantité, est beaucoup plus importante et au moins deux à trois fois plus forte. Le produit brut de toutes les forêts doit être évalué, pour l'année 1868, au moins à 2 millions de thalers ou 35 millions de francs environ.

L'auteur énumère ensuite bon nombre de variétés de ces coniferes cultivées dans les jardins botaniques ou commençant à se répandre au dehors ; mais jusqu'ici aucune n'a acquis une importance réelle et telle qu'elle mérite de vous être signalée.

LARIX.

Le mélèze d'Europe, *larix europea,* se rencontre assez communément en Norwège. Sa limite est à peu près le cercle polaire. Cet arbre se développe bien dans les îles de Herroe et de Donaess, tandis que près de Tromsoë il reste à l'état de buisson. Près de Christiansund (63°), il se multiplie par ses propres semences et atteint une hauteur de 8 à 10 mètres. Près de la ville de Roeros (62° de latitude et 652 mètres au-dessus de la mer), si connue par ses mines de cuivre, se trouvent des arbres s'élevant à 4^{m} 40 et d'un diamètre de 0^{m} 25 centimètres. Ce fait mérite d'être signalé ; le climat de cette contrée est tellement rigoureux que ce n'est que dans les étés les plus favorables que les sorbiers et les myrtilles y mûrissent leurs fruits. On ne peut y cultiver ni orge ni pommes de terre, et ce n'est qu'à grand peine qu'on parvient à récolter quelques-unes des plantes potagères les plus communes.

Des plantations de mélèze ont été tentées sur les côtes, dans le sol le plus mauvais, sable pur et cailloux roulés, et ont parfaitement réussi. Les arbres sont abattus aujourd'hui ; mais, par la décomposition successive de leurs aiguilles, ils ont amélioré ce sol ingrat au point qu'on y a créé des jardins produisant des légumes, des fraisiers et des fleurs, là où il n'y avait autrefois que du sable, des pierres et une stérilité complète.

Dans un sol qui leur convient, ces arbres atteignent une hauteur de 20 à 25 mètres et un mètre à 1 mètre 50 de circonférence.

TAXUS.

L'if (*taxus baccata*) croît aussi spontanément dans les forêts de la Norwege, mais ne dépasse guère le 60° de latitude sur une altitude de 380 mètres au-dessus du niveau de la mer. Quoique d'une végétation lente, cet arbre peut atteindre d'assez fortes dimensions. L'auteur parle de disques de 20, 25 et même 40 centimètres de diamètre.

Les cercles annuels de la végétation révèlent, pour plusieurs de ces arbres, de 200 à 250 ans d'existence. Comme le sapin, l'if peut se multiplier par l'enracinement des branches inférieures. Le bois de l'if est très-recherché par les sculpteurs et les ébenistes, au point que, depuis quelques années, le nombre de ces arbres diminue de plus en plus.

MYRICA GALE.

Le *myrica gale* croit assez communément dans la Scandinavie, et est cultivé pour ses feuilles, qui sont employées comme condiment dans le pot-au-feu ; on les fait même sécher pour cet usage. Le myrica était employé comme plante médicinale et pour la fabrication de la bière avant l'usage du houblon; il était même défendu, sous des peines très-séveres, d'en dérober la moindre parcelle.

BETULACEES.

BETULA NANA.

Le bouleau nain (*betula nana*) se trouve partout dans

les parties montagneuses de la Scandinavie, jusqu'au cap nord, 71° latitude et 314ᵐ d'altitude, et s'élève même, dans les provinces méridionales, jusqu'à une altitude de 1.250ᵐ et au-dessus. Dans les régions polaires, il descend jusqu'au niveau de la mer.

En Suède, sa limite méridionale ne dépasse pas 56°. On le trouve également en Islande. Chez les Samoyèdes, sous le 68°, en société avec les saules buissonnants, il couvre de grands espaces; mais, vers le 69°, il devient plus rare et ne présente plus qu'une forme tout-à-fait naine. Les branches se traînent souvent sur le sol et émettent des racines adventives. Les buissons, ainsi formés, se nourrissent peu à peu en dehors de la plante mère, qui se trouve alors plus ou moins gâtée. Le bouleau nain atteint à peine une hauteur de 30 centimètres à 1 mètre.

En Suede, le bouleau nain s'appelle *baguette du Vendredi*. Une croyance généralement répandue affirme que ce sont les branches de cet arbrisseau qui ont servi à flageller notreSeigneur; aussi a-t-il été condamné à ramper sur le sol.

Le *lagopus subalpina*, au printemps et en hiver, en fait sa nourriture; il mange les chatons mâles et les branches les plus minces.

BETULA GLUTINOSA.

Le bouleau glutineux ou odorant est très-commun et s'élève au nord et à l'est jusqu'à ce que la terre lui manque. Mais naturellement sa taille diminue à mesure que l'on monte vers le pôle, au point que vers le cap Nord, à part quelques arbres relativement assez élevés, dont le tronc ne dépasse pas toutefois la grosseur du bras, il est réduit à un simple buisson. Dans la Finlande occidentale, près la frontière russe, les bouleaux sont même assez gros pour pouvoir être employés dans les constructions. Dans le gouvernement d'Arkangel (66°), cette espèce donne encore de petits arbres, mais à 66° 1/2, elle est réduite à des broussailles et disparaît au 67e.

Il semble résulter de nombreuses observations que, arrivé à l'âge de 80 à 100 ans, le bouleau ne pousse plus que très-lentement, même dans les meilleurs terrains, et que les dimensions extraordinaires qui ont été relevées indiquent très-probablement un âge remontant à plusieurs siècles.

Les pousses, appelées *balais de sorcières* ou *du tonnerre*, se trouvent plus souvent sur les bouleaux que sur toute autre espece d'arbre et atteignent assez souvent un diamètre de 90 centimètres. Dans beaucoup de localités arriérees, on croit que ces balais sont créés par les sorcieres elles-mêmes, qui s'en servent comme d'un cheval pour se rendre au Blocksberg.

Quelquefois, dit-on, on trouve dans l'écurie un cheval épuise et tout dégouttant de sueur, ce qui est la preuve que, pendant la nuit, cet animal a été surmené par une sorcière. Pour le préserver des atteintes de celle-ci, on suspend dans l'écurie, au-dessus du cheval, un de ces balais. La sorcière ne manque pas de choisir cette monture, qu'elle affectionne de préference à toute autre, et laisse le malheureux cheval. A defaut de balai, on a recours, dans le même but, à une pie morte, et, comme cet oiseau est le plus facile à trouver, c'est le moyen le plus souvent employé. Dans quelques contrees, on suspend au-dessus de la tête du cheval et sur la couverture une faux bien aiguisée.

Les excroissances auxquelles on donne généralement le nom de *loupes*, se rencontrent fréquemment; elles paraissent produites par une lésion extérieure qui amene une affluence de la seve et la production de nombreux bourgeons adventifs qui, ne pouvant arriver à leur developpement normal, déforment les cercles annuels de la végétation et les forcent à prendre des formes entrelacées et ondulées toutes particulières. Ces excroissances sont employées très-avantageusement à confectionner des vases destinés à contenir les boissons et le laitage. La forme particulière que les fibres ont prise les empêche de se fendre.

Un examen attentif a fait reconnaître que, dans la Finlande, une forêt de bouleaux se rajeunit d'elle-même, c'est-à-dire que par ses rejetons elle se crée des générations successives.

Aussitôt qu'un jeune bouleau, né de graines, a atteint un diamètre de 15 à 20 centimètres, les rejetons, qu'il ne manque jamais d'émettre, sont doués d'une puissance de végétation extraordinaire; ils se développent avec l'arbre qui les produit et ont bientôt atteint une grosseur égale à celle de la plante mère. Pendant que les rejetons grossissent, celle-ci pourrit peu à peu, disparaît, et une nouvelle génération, produite par les rejetons, souvent au nombre de deux ou trois sur chaque racine, couvre le sol et continue encore pendant longtemps à demeurer saine et vigoureuse. Cette maniere de se rajeunir se reproduit indéfiniment. Ce mode de végétation se reconnaît facilement à la position circulaire qu'affectent les arbres provenant des rejetons, à l'exemple des chênes et des noisetiers qu'on abat périodiquement.

Cette rénovation par les racines est si commune en Finlande qu'on trouve à peine un arbre provenant de semence sur trois à quatre issus de rejetons. Ce mode de propagation des bouleaux se retrouve dans les hautes montagnes de la Norwège, et surtout sur les arbres dont on a enlevé l'écorce. On serait tenté de croire que la nature, en accordant au bouleau ce mode de reproduction, a cru lui devoir ce dédommagement dans un pays où les rigueurs du climat ne permettent qu'à peu de graines d'arriver à la maturité nécessaire à la germination, et où la jeune plante doit, en outre, lutter contre les intempéries qui en arrêtent le développement. De cette manière, en effet, une seule racine née d'une seule graine produit plusieurs arbres.

Dans quelques localités, on élève et on traite le bouleau comme le saule chez nous. Le feuillage sert de fourrage et les menus bois de la tête sont utilisés comme bois à brûler ou fournissent des perches aux besoins usuels de la maison. Généralement, au bout de sept à huit ans, le tronc des arbres ainsi mutilés commence à se gâter soit au cœur, soit à la circonférence, et, quelques années après, la partie la plus élevée émet des racines qui deviennent quelquefois grosses comme le bras. Celles-ci descendent jusqu'au sol en traversant le cœur de l'arbre déjà plus ou moins altéré, s'entrecroisent de la manière la plus bizarre, remplissent toute la cavité, font éclater l'écorce en partie pourrie, qui, dès lors, ne forme plus qu'une simple paroi du tronc servant de gaîne à la nouvelle racine. Ce développement des racines adventives se rencontre aussi sur le saule, et nous sommes porté à croire qu'avec un peu d'attention on trouverait le même mode de végétation sur d'autres arbres dont la tête aurait été ainsi mutilée.

Il n'est pas donné à tout le monde d'apprécier au même degré la beauté pittoresque du bouleau, ce roi des forêts du Nord ; il n'est personne cependant qui n'ait admiré la forme élégante du bouleau pleureur, dont les branches fines tombant perpendiculairement atteignent une longueur de 4 à 5 mètres. La cause de cette modification de formes si pittoresques dans les pays du Nord surtout, et particulierement en Suede et en Norwège, nous est tout-à-fait inconnue. Dans des conditions complètement identiques, on trouve indifféremment, croissant l'un près de l'autre, des bouleaux ordinaires et la variété à branches pendantes. En Suède, la tradition rapporte que, près de la croix du Sauveur, se trouvait un bouleau qui fut si affligé à la vue des tourments endurés par lui que ses branches s'inclinèrent vers le sol, et on en trouve encore la preuve à la vue de cet arbre sympathique.

Il arrive souvent en Norwège que telle ou telle tradition est attachée à quelques arbres et particulièrement aux bouleaux, que leur âge doit rendre plus respectables. Tantôt, sous leurs racines, se trouve un trésor gardé par un dragon ; tantôt on prétend que si on leur enlevait une branche, ou si on entamait seulement l'écorce avec un instrument tranchant, ou si on leur faisait une blessure quelconque, l'auteur du méfait ou un de ses animaux domestiques éprouverait certainement un malheur. Aujourd'hui encore, il est d'usage dans les campagnes, la veille de Noël ou de quelque autre grande fête, de les arroser avec de la bière ou de l'hydromel. L'auteur connaît personnellement plusieurs propriétaires qui, non-seulement soignent et protègent ces vieux arbres, mais même cultivent tous les ans une certaine étendue de terrain tout autour de leur tronc et leur sacrifient même quelques charretées de fumier.

L'origine de ces traditions et de cet usage doit se perdre dans la nuit des temps, et peut-être même n'est-il pas absolument invraisemblable que quelques-uns de ces vieux débris des forêts primitives consacrées au culte par les druides, ont été l'objet d'un culte particulier. L'introduction du christianisme en Norwège remontant au XIe siècle, l'hypothese que des arbres vénérés à cette époque d'idolâtrie aient pu se conserver jusqu'à nous peut paraître hasardée, surtout si l'on songe au zèle déployé par les ardents propagateurs de la nouvelle doctrine pour faire disparaître tous les objets pouvant rappeler l'ancien culte.

Cependant, quiconque réfléchit à l'attachement de tout Norwègien aux anciens us et coutumes, attachement encore très-vivace dans la génération actuelle, ne trouvera pas si invraisemblable que des arbres révérés comme sacrés jusqu'au jour de la conversion à la religion catholique aient continué, quand ce ne serait que par la force de l'habitude, à être l'objet de la vénération des nouveaux convertis. On a bien rencontré de nos jours, dans une contrée de la Norwège fort reculée, un homme qui rendait en secret un hommage divin à une image de pierre (peut-être le dieu Thor), qui, depuis des siècles, avait été transmise de père en fils dans sa famille. Quoi qu'il en soit, il est certain que plusieurs traditions très-vivaces sont aujourd'hui encore attachées à tel ou tel arbre.

Les bornes déjà trop étendues que s'était imposées votre rapporteur, et qu'il a peine à ne pas dépasser outre mesure, ne lui permettent pas de suivre l'auteur dans la description particulière de quelques bouleaux remarquables, dont quelques-uns atteignent 4 à 5 mètres de circonférence.

Le bois de bouleau est très-estimé en Norwège comme combustible et comme bois d'industrie. Le fini dont il est susceptible et la longue durée des objets fabriqués le rendent précieux au pauvre comme au riche, et on le rencontre jusque dans les habitations les plus recherchées. Presque dans toutes les contrées privées de chêne on se sert de son écorce, concurremment avec celle du sapin, pour tanner les peaux, les toiles à voile, les cordages, les filets et autres objets.

Pour préserver de la pourriture les pieux qui doivent être enfoncés en terre, on enveloppe l'extrémité, préalablement brûlée, avec de l'écorce de bouleau. On emploie souvent l'écorce de sapin au même usage.

Dans les contrées où, par suite de la difficulté des transports, l'emploi des tuiles deviendrait trop coûteux, et où ce mode de couverture ne saurait résister aux tempêtes fréquentes dans ces parages, l'usage est d'employer le procédé suivant :

On garnit d'abord la maison d'un toit ordinaire en planches, que l'on recouvre de morceaux d'écorce de bouleau de 1 pied à 1 pied 1/2 carré, et on les dispose de telle sorte que chaque rangée dépasse la précédente seulement de 3 à 4 pouces ; on répand ensuite sur cette surface une légère épaisseur de terre, et on couvre finalement le tout d'une couche de gazon, de telle sorte que le toit présente une épaisseur d'un pied environ. Dans ces conditions, une toiture bien soignée est chaude, bien étanche et dure de 40 à 50 ans ; mais alors il faut la renouveler ou la retourner. Dans ce but, on retire la terre et on retourne simplement les carrés d'écorce, de telle sorte que l'extrémité placée primitivement en bas revienne en haut : la partie déjà endommagée par la pourriture se trouve recouverte par celle qui était demeurée saine. On renouvelle ensuite les couches de terre et le toit dure autant que la première fois. Si l'on met l'une sur l'autre deux ou trois couches d'écorces, le toit dure autant que la maison. L'écorce arrivée au point de ne plus pouvoir servir à cet usage peut être utilisée encore ; on la ramasse avec soin et l'on met les morceaux entassés perpendiculairement dans un chaudron de fer, que l'on retourne ensuite. En allumant les écorces, on obtient, par la distillation, une huile empyreumatique (huile de bouleau) qui se condense et est fort estimée pour graisser toute espece d'objets en cuir. Le charbon, produit de cette opération, est fort recherché par les fondeurs en métaux.

Presque dans tout le pays on utilise l'écorce de bouleau pour la fabrication de vases destinés à contenir des matières solides et même des liquides. Ces vases ont une forme cylindrique et sont pourvus d'un fond très exactement ajusté et d'un couvercle. Le côté est artistement cousu avec une racine fine et souple de sapin. Dans le Nord, on opère de la manière suivante :

Au premier printemps, lorsque par l'action de la sève l'écorce se sépare facilement du tronc, on abat des arbres de 15 à 25 centimètres de diamètre, en choisissant ceux qui ont une écorce extérieure unie et blanche ; on sépare le tronc en billes de longueur convenable, et, en frappant légèrement sur l'écorce, on la détache facilement du bois. Avec un simple couteau propre à cet usage, et qui se trouve entre les mains de tout paysan, on retire la substance de l'écorce proprement dite, de manière à ne conserver que la simple partie extérieure. En tenant pendant un certain temps dans l'eau bouillante l'extrémité de l'écorce, à laquelle on a rendu sa forme cylindrique, elle se serre si étroitement au fond de bois qui y a été ajusté, que le vase devient complètement étanche. On traite le couvercle de la même manière, en ayant soin qu'il puisse s'ouvrir et se fermer facilement. On donne à ces vases une forme particulière, souvent même élégante, et l'on s'en sert, comme nous l'avons dit, pour conserver et transporter toute espèce de denrées, des fruits, du miel, de la farine, des œufs, des harengs salés et du poisson.

Dans le Nord de la Norwège, près de la frontière russe, on fabrique avec l'écorce de bouleau différentes boîtes servant à conserver le tabac à fumer et à priser; elles paraissent jusque dans les magasins de la capitale et sont même achetées par les étrangers comme spécimen de l'industrie du pays.

Les paysans fabriquent en outre avec l'écorce de bouleau une espèce de cigarette. A cet effet, ils roulent un morceau d'écorce taillé en biais, de manière à lui donner à peu près la forme d'une lorgnette allongée. Après l'avoir bourrée de tabac, le Lapon fume avec délices cette cigarette, sans s'inquiéter du goût développé par l'écorce de bouleau, qui se consume en même temps que le tabac.

Découpée en lanières de 4 à 5 centimètres de largeur, l'écorce de bouleau est employée dans maintes contrées à tresser des malles et des sacs très solides, légers et d'un prix très peu élevé. Dans les environs de Kongswinger, on en fabrique même des souliers dont on peut se servir l'été pour les travaux de la campagne ; ils présentent peu de solidité, il est vrai, mais la modicité de leur prix, 30, 40 pfennings, fait qu'il y a encore avantage à employer cette chaussure. Placée entre les deux semelles du soulier ordinaire, l'écorce de bouleau les rend imperméables.

Citons encore l'emploi que l'on fait à Gudbrandsdalen de l'écorce de bouleau pour en fabriquer des tuyaux de pipe, des manches de couteaux et autres menus objets. A cet effet, on place l'une sur l'autre et l'on presse un grand nombre d'écorces minces qui s'amalgament (l'auteur ne dit pas si la pression suffit pour les lier l'une à l'autre) ; on les travaille ensuite soit sur le tour, soit à la main. Un tuyau est souvent le produit de plusieurs centaines d'écorces et présente un aspect fort agréable.

N'oublions pas enfin l'emploi qui a été fait de l'écorce de bouleau et remontant probablement à une époque plus reculée que l'exemple qui nous en est rapporté. En 1819, le poete Clausi, publiant la biographie d'un paysan bien connu, qui était parvenu à s'élever au-dessus de sa condition, et rendant compte des difficultés avec lesquelles il eut à lutter, nous rapporte ces paroles entendues de la bouche de son héros : « La première année, mon père put me fournir un peu de papier ; mais je fus bientôt réduit à me fabriquer, avec l'écorce mince du bouleau, de petits cahiers qui me permirent d'attendre que je fusse en position de me procurer du papier ordinaire. » Un des amis particuliers de l'auteur, parvenu aujourd'hui à un rang élevé dans la littérature de la Norwège, mais dont la jeunesse eut à lutter contre les dures exigences de la vie matérielle, poussé lui aussi par le désir de s'instruire, apprit sur des écorces de bouleau les premiers principes de l'écriture.

ALNUS GLUTINOSA ET INCANA.

Nous ne nous arrêterons que peu sur les deux variétés de l'aune *alnus glutinosa* et *incana);* qui croissent spontanément dans la presqu'île scandinave. Le premier ne passe guère le 63° de latitude ; là il est encore arborescent et mûrit ses graines à une altitude de 300 metres. Plus au midi, et à une altitude de 1,000 metres, il atteint à peine une hauteur de 18 à 20 mètres. L'auteur cite un arbre, le plus fort de la Norwege, portant les dimensions suivantes mesurées avec soin : la hauteur n'est que de 9m 40 ; à quelques pieds du sol, l'arbre se divise en trois branches, au-dessous desquelles la circonférence est de 9m 40 ; l'une des branches, à 1m 90 de terre, mesure une circonférence de 4m ; la deuxième, 4m 40, et la troisième, 4m 50. La couronne a 20m de diamètre. On raconte qu'on chargea dix traineaux des débris d'une branche qui fut accidentellement cassée il y a quelques années. Cet arbre, dit-on, porte bonheur au proprietaire du sol sur lequel il a si bien prospéré, et les puissances infernales se reposent volontiers sous son ombrage.

L'aune se développe assez vite dans un terrain qui lui convient ; le tronc peut atteindre, en 50 à 60 ans, un diametre de 30 à 35 centimètres. Taillé en tête comme le saule et le bouleau, l'aune présente le même phénomene de végétation que nous avons déjà signalé pour ces deux essences d'arbres.

L'aune blanc ne présente rien à remarquer, pas plus que

les autres sous-variétés se rencontrant en société avec les premiers types et provenant probablement de leur hybridation.

L'écorce des aunes est employée quelquefois seule, quelquefois mélangée à celle du saule pour le tannage des filets de pêche, qui sont en outre trempés dans une solution de sulfate de fer, pour leur donner une couleur foncée, et rendre le filet plus solide et moins apparent.

ISLANDE.

L'auteur considère le point où nous sommes arrivés comme le plus opportun pour jeter un coup-d'œil sur les forêts de l'Islande, attendu que le bouleau est, dans cette île, l'arbre le plus important et même le seul, dans la signification habituelle du mot.

Lorsque, peu après la decouverte de cette île, les Norwégiens en entreprirent la colonisation, les côtes étaient couvertes de forêts qui se conserverent encore assez longtemps. Toutefois, les ouvrages historiques nous portent à penser que ces forêts n'avaient que peu d'importance et ne s'étendaient guère, au milieu de vastes marais, que de la côte jusqu'aux montagnes. Ailleurs, il est dit que les nouveaux venus abattirent des arbres pour élever un bâtiment, et que, sur la côte occidentale, il existait de grandes forêts où ils trouvèrent le bois nécessaire à la construction d'un grand vaisseau (vaisseau du IXe siècle), dont ils se servirent pour visiter d'autres contrées, et qu'ils employèrent même pour la quille un chêne (cette expression signifie probablement un grand arbre), qui fut abattu sur place.

En somme, on ne paraît avoir rencontré que peu

d'arbres propres à la construction, car la tradition, relevée de plusieurs côtés, nous apprend que peu après la prise de possession du pays, on tirait déjà de Norwège et même d'Angleterre les poutres nécessaires à l'édification des maisons ordinaires et des églises, que l'on construisit plus tard. Les lois et règlements édictés à la fin du XIIIe siècle nous donnent la preuve qu'à cette époque les forêts n'étaient pas sans importance relative.

Le lecteur se tromperait toutefois si, d'après ce qui précède, il pensait que l'île ait possédé autrefois des forêts comparables à celles de la Norwège. C'est à peine si l'Islande à jamais nourri quelques sapins, et même, à l'époque de la colonisation, le bouleau, le plus important, sinon le seul arbre du pays, ne paraît pas y avoir jamais acquis un développement complet, restant beaucoup inférieur aux arbres de même essence en Norwège et sous un même degré de latitude. Probablement, les forêts de l'Islande avaient cet aspect particulier que l'on trouve en Norwège vers le 70°. Si nous ne les retrouvons plus aujourd'hui, nous sommes amenés à penser que, les conditions climatériques de l'Islande n'ayant pas changé depuis les temps historiques, les habitants seuls sont cause de la disparition des forêts.

Une vieille expérience nous apprend que partout les colonisateurs n'administrent guere les forêts en bons peres de famille; il en a été de même en Islande. Dans chaque ferme, en outre, se trouve généralement une forge, pour le service de laquelle on convertit en charbon une grande quantité de bois, arrachant même les souches des arbres abattus. Cette manière d'exploiter n'a pas peu contribué à la ruine des forêts.

Autrefois, et même encore aujourd'hui, dans certaines contrées, au lieu d'aiguiser les faux sur la meule, comme nous le voyons faire de nos jours, on les faisait chauffer et on les affilait sur l'enclume. Cette méthode est encore suivie dans quelques districts de la Norwège.

Le mauvais résultat obtenu par un semblable procédé saute aux yeux. L'instrument ainsi aminci n'en doit pas moins être aiguisé avec la pierre. L'opération sur l'enclume et la trempe qui en est la conséquence demandent beaucoup plus d'habileté et une main plus exercée que le repassage sur la meule. Le travail est plus long, l'instrument s'use beaucoup plus vite et entraîne une dépense bien plus forte. Aussi, à part la propension naturelle à tous les hommes de suivre une routine adoptée, il ne peut y avoir aucun motif sérieux à continuer une telle manière de procéder.

Les premiers colons qui s'établirent en Islande, et qui tous venaient de la côte occidentale de la Norwège, connaissaient déjà et importerent l'emploi de la tourbe comme combustible. La tradition, d'accord avec les ordonnances et règlements, en fait remonter l'usage aux temps les plus reculés.

Mais, à mesure que les forêts et la tourbe allerent en diminuant, il fallut, comme dans tous les pays où le combustible est rare, chercher d'autres matières qui puissent, autant que possible, servir au chauffage journalier, aussi indispensable à la vie, dans ces contrees déshéritées, que les substances alimentaires elles-mêmes.

Dans quelques contrées où la tourbe fait défaut, on la remplace depuis longtemps par un gazon serré, que l'on taille en morceaux convenables pour le faire sécher. Ce combustible brûle bien et sans trop de mauvaise odeur. Le long des côtes, on utilise de préférence les varechs et les arêtes de poisson, après les avoir arrosés avec les résidus de la fonte des huiles de poisson, afin de favoriser la combustion. Faute de mieux, on a recours même à des oiseaux de mer desséchés, qui contiennent toujours une certaine quantité d'huile.

Mais la principale ressource pour le chauffage, dans l'intérieur des terres comme sur les côtes, est le fumier desséché des vaches et des brebis. On pétrit et découpe au printemps, avec le fumier, des espèces de galettes rondes, que l'on dépose sur le gazon pour les faire sécher. Quand l'herbe commence à pousser, elle soulève ces galettes, que l'on retourne pour obtenir une dessiccation complète. Elles sont alors presque tout-à-fait blanches et très légères. Dans cet état, on les emmagasine soit dans des granges' soit dans des bâtiments construits dans ce but.

Quand, au printemps, on enlève le fumier accumulé dans les étables, et y formant une masse solide et compacte, on le coupe en morceaux carrés d'environ 30 centimètres, que l'on réduit en tranches de 5 à 6 centimètres d'épaisseur, et on les range, dressés l'un contre l'autre, deux à deux pour les faire sécher. Ce combustible dégage plus de chaleur que celui dont nous parlions tout-à-l'heure ; mais il répand une odeur insupportable pour un étranger, et due à la présence de la laine, qui s'y trouve toujours en plus ou moins grande quantite. Les aliments préparés à l'aide de ce combustible se ressentent naturellement toujours de cette odeur fort peu appétissante, surtout lorsque les premiers éléments du repas, tels que le poisson ou certaines viandes, ont été fumés à l'aide de ce même combustible. Indépendamment de tout ce que l'on peut penser d'un procédé si répugnant, on enlève ainsi aux prairies un engrais qui leur serait précieux, et la triste application du proverbe « *Nécessité fait loi* » peut seule excuser une semblable manière de faire.

De tout temps mal exploitées, les forêts de l'Islande renfermaient encore, à la fin du siècle dernier, quelques arbres parvenus à une hauteur relative fort remarquable ; mais aujourd'hui ils ont disparu, et leurs rares débris ne nous offrent plus que des sujets ayant à peine plus de 5 mètres de hauteur et une moyenne de 16 centimètres de diamètre.

Les règlements édictés par le gouvernement danois, depuis le milieu du siècle dernier, témoignent des essais tentés pour faire renaître l'agriculture, favoriser le jardinage et la replantation des forêts. Mais tous ces efforts sont restés inutiles, soit par suite de la routine, toujours difficile à vaincre, soit parce que les personnes chargées de surveiller l'exécution de ces dispositions ne surent pas leur imprimer une impulsion convenable. Il semble néanmoins certain que le bouleau peut prospérer sur presque tout le littoral de l'Islande, et, en comparant les conditions du climat de ce pays avec celles de la partie ouest de la Norwège et de la frontière russe, il est permis d'espérer qu'il en serait de même du tremble et peut-être même de l'aune. Ce pays a un besoin extrême de bois à brûler. Les progrès réalisés par la silviculture depuis quelques années ne sauraient-ils être appliqués à l'Islande et nous permettre d'espérer une amélioration, si indispensable non-seulement au bien-être, mais même à la vie du pays ?

CHÊNE.

Comme dans presque toute l'Europe septentrionale, le chêne pédonculé et le chêne à fleurs sessiles sont les seules espèces qui croissent en Norwège. La première est celle que l'on désigne généralement sous le nom de chêne. Dans les provinces orientales, on ne le rencontre à l'état sauvage que jusque sur les rives du lac Myosen, 60°, où l'on trouve encore aujourd'hui des arbres ayant 15 mètres de hauteur et 3 mèt. 50 de circonférence. Dans les étés ordinaires, ces arbres mûrissent leurs fruits. Sur la côte occidentale, dans la paroisse de Thingwald, 62°, le chêne croît encore comme arbre forestier ; mais il ne dépasse pas cette latitude. La forêt qui existait dans cette contrée a été très largement exploitée ; mais le taillis repousse bien et pourrait, avec un bon aménagement, parvenir encore à une certaine importance. Même dans les contrées les plus méridionales, le chêne disparaît ordinairement à une altitude de 3 à 400 mètres au-dessus du niveau de la mer.

Sur les côtes sud-ouest, entre les villes de Laurwig et Mandal, cet arbre est très-répandu et forme des forêts très étendues, dans un état plus ou moins prospère. Dans ces dernières années, elles ont été largement exploitées.

Dans la Suède, le chêne s'arrête à peu près à la même latitude qu'en Norwège.

On trouve quelques échantillons près d'Uleaborg, 65° ; mais là, ce roi des forêts n'est plus qu'un faible arbrisseau.

L'auteur énumère un certain nombre de chênes remarquables par leurs dimensions, et cite comme l'arbre le plus fort qu'il connaisse sur le sol de la Norwège, celui qui se trouve dans la cour de Valen, dans le Sondhorland. Ce chêne s'élève à une hauteur de 37 metres. A 1 mètre du sol, sa circonférence est de 7^m 80, et, à 2^m 20, de 5^m 80. A quatres mètres du sol, se détachait la première branche, brisée en 1807 par une tempête. En 1858, cet arbre donna plusieurs tonnes de glands. Dans cette même cour se trouvait, avant 1790, un chêne de dimensions encore plus remarquables. Le temps l'avait rendu creux. On raconte que vingt-quatre ouvriers, surpris par un orage subit, trouvèrent un abri dans cette cavité. Il est vrai que la tradition ajoute que deux d'entre eux furent obligés, faute de place, de rester dehors. Là se trouve encore un chêne que l'on sait avoir été planté en 1767 ; il était alors de la grosseur du bras; aujourd'hui, il mesure 25 metres de haut, et le tronc porte un diamètre de 65 centimètres.

Dans des conditions convenables, les branches de chêne

qui touchent la terre sont aptes à émettre des racines et à former de nouveaux sujets. Comme arbre propre à l'industrie, les charpentiers préfèrent de beaucoup le chêne pédonculé au chêne à fleurs sessiles, que l'on rencontre souvent en compagnie du premier. Celui-ci présente plus de souplesse et plus de resistance et est plus facile à préserver de la pourriture. Le chêne pédonculé, d'après la couleur de son fruit, est appelé vulgairement chêne bleu, tandis que l'autre, dont le fruit est d'un brun rougeâtre, est connu sous le nom de chêne rouge.

L'écorce des deux espèces est employée dans les tanneries, et est l'objet d'une exportation assez importante.

NOISETIER.

Très commun dans la Norwège méridionale, le noisetier devient plus rare et diminue de taille à mesure qu'il s'avance vers le Nord ; il disparaît vers le 67° de latitude nord. Son altitude est à environ 500 mètres au-dessus du niveau de la mer dans les contrées méridionales, et descend peu à peu jusqu'à 100 mètres environ. La taille du noisetier peut atteindre une hauteur de 5 à 6 mètres ; mais cet arbuste ne forme que rarement une tête. Les fruits mûrissent dans les années ordinaires. Le tronc porte environ 20 centimètres. Cet arbuste paraît avoir été plus commun qu'il ne l'est aujourd'hui. On le recherche comme bois à brûler et pour la fabrication du charbon, de la poudre de guerre et des cercles pour les tonneaux. Le noisetier a joué un rôle important dans les fables mythologiques. Nous retrouvons les baguettes de coudrier employées à découvrir les trésors. Les noisettes avaient la propriété de rendre invisible. Cette superstition existe encore dans maintes localités de la Suede, et bien des paysans sont convaincus que la baguette de coudrier préserve du venin de la vipère.

CHARME.

Le charme ne vient pas en Norwège à l'état spontané. L'auteur pense cependant qu'on pourrait tirer de sa culture un produit avantageux. Un spécimen planté près de Christiania mesure aujourd'hui une hauteur de 11 mètres et une circonférence de 109 centimètres. On trouve encore quelques spécimens en Suede, mais pas au-delà du 57°. Quelques arbres ont été plantés à Stockolm, 59°, et ont atteint les dimensions de l'arbre planté près de Christiania.

HÊTRE.

Ce n'est que dans les parties méridionales de la Norwège que l'on rencontre le hêtre à l'état sauvage. Dans les environs de la ville de Laurwig, entre les 59° et 60°, on trouve quelques milles carrés couverts d'une véritable forêt de hêtres sauvages. Quelques individus garnissent les côtes çà et là, et l'on ne saurait dire s'ils ont été plantés ou s'ils doivent être considérés comme spontanés. Dans un cas comme dans l'autre, la présence de ces arbres ne paraît pas très ancienne; car, dans les marais tourbeux, où l'on rencontre des débris de tous les autres arbres croissant à l'état sauvage, le hêtre n'a laissé aucune trace de sa présence. Peut-être a-t-il été récemment importé par les marins ou pirates fréquentant autrefois les îles danoises, l'Angleterre et l'Islande. On peut penser qu'ils cherchèrent à propager un fruit qu'ils trouvaient bon, et dont ils étaient privés dans leur propre pays, moins favorisé par la nature. Se fondant sur les fortes dimensions que le hêtre atteint encore à sa limite polaire, l'auteur en infère que, planté, il réussirait encore plus haut vers le Nord. Les faits semblent confirmer cette remarque : près de Trondjem, 63°, se trouvent des troncs mesurant 2^{m}80 de circonférence, ayant encore une belle végétation. Quelques jeunes arbres réussissent même très bien vers le 67°. Les hêtres peuvent être exploités de 130 à 140 ans d'âge. En Suède, ces arbres ne s'élèvent pas au-dessus du 59me. Pres de Vasa, dans la Finlande, ce n'est plus qu'un buisson. Les plus forts arbres signalés atteignent une hauteur de 25 mètres et une circonférence de 2m50 à 3m50.

CASTANEA VESCA.

Le châtaignier ne donne que quelques spécimens de peu d'importance le long de la mer et ne fleurit même pas.

ULMUS MONTANA.

L'*ulmus montana* est la seule espèce de ce genre que l'on trouve en Norwège. Commun dans les contrés méridionales, il devient plus rare en montant vers le Nord, et disparaît comme arbre spontané vers le 67°. A cette latitude, même dans les années défavorables, il mûrit ses fruits. Planté, il réussit même à Trompsö (69°) et à Alten (70°) ; mais, dans cette dernière localité, ce n'est plus qu'un buisson. Nulle part on ne le trouve en massifs formant des forêts. Les plus gros arbres ont une haûteur de 20 mètres et un diamètre de 1 mètre à 1 mèt. 20.

Dans un pays comme la Norwège, où les plantes textiles, telles que le lin ou le chanvre, étaient autrefois beaucoup plus rares qu'aujourd'hui, on était obligé d'y suppléer par d'autres végétaux. Pour les usages plus communs, tels que la fabrication de certains cordages, on avait recours à l'écorce des tilleuls ou des ormes ; ce dernier étant le plus abondant était beaucoup plus fréquemment employé.

Les cordes d'écorces étaient une marchandise courante. Il etait permis d'aller à la pêche le dimanche ; mais si le filet se rompait, il n'etait pas permis de le raccommoder avec du fil, mais seulement avec de l'écorce. En ce temps-là on ne s'inquiétait guère du tien et du mien quand il s'agissait des produits de la forêt. On prenait ce dont on avait besoin où on le trouvait, sans s'informer du propriétaire. L'écorce des ormes n'était pas plus respectée : celui qui n'avait pas d'arbres allait chez son voisin. Dans plusieurs contrées, on emploie encore aujourd'hui pour la pêche la corde d'écorce. La partie peu éclairée de la population croit que, pour réussir, la corde doit être franche, c'est-à-dire acquise légitimement ; autrement la pêche ne réussit pas, et même souvent il arrive un malheur. Souhaitons, Messieurs, que lorsque cette crainte superstitieuse disparaîtra, le sentiment de la propriété et de la probité vienne la remplacer, et qu'une croyance erronée, mais au fond utile et morale, ne soit détruite que pour faire place au sentiment du devoir bien compris.

MORÉES.

Aucune tentative pour acclimater le mûrier et introduire l'elevage des vers-à-soie n'a pu réussir.

URTICACEES.

L'ortie brûlante (*urtica urens*) est très commune, surtout dans le voisinage des habitations ; elle remonte jusqu'au 70° ou 71°. Dans le midi, cette plante s'élève jusqu'à la région ou finit le bouleau (environ 1,000 metres) ; on la trouve également en Suède, sur les îles Feroé et en Islande.

L'ortie dioique est tout aussi répandue. Cette plante paraît avoir été employée en Ecosse comme légumes, en guise d'épinards. Le poete Campbell dit avoir mangé des orties sur une table couverte d'une nappe faite avec des orties, et dormi dans un lit dont les draps étaient fabriqués avec la même matiere.

Dans quelques contrées de la Norwège, on mange encore les jeunes pousses, et, dans le siècle precédent, on utilisait les fibres pour fabriquer des étoffes grossières.

D'après une croyance généralement admise en Islande, celui qui veut en ensorceler un autre est mis dans l'impossibilité de le faire aussitôt qu'on peut le saisir et le frotter sur tout le corps, mis à nu, avec des branches d'ortie. Ce moyen, en tout cas, doit produire un bon résultat, car celui qui a été ainsi fustigé ne doit plus avoir grande envie de jouer encore au sorcier.

CANNABINÉES.

CANNABIS SATIRA.

De toutes les plantes cultivées, il n'y en a pas, en Norwège, qui soit plus rarement semée que le chanvre, bien qu'on en trouve quelques champs jusque vers le 68°. La culture diminue même tous les ans. La cause en est facile à expliquer. Lorsqu'une plante industrielle n'est cultivée qu'en très petite quantité, le travail et l'emploi de la matiere obtenue ne se fait qu'à grands frais et imparfaitement ; il y a dès lors avantage à tirer de l'étranger la marchandise fabriquée. Ajoutons encore que le chanvre récolté n'est guère employé qu'à la confection du fil nécessaire aux pêcheurs pour la confection de leurs filets, et fabriqué aujourd'hui dans les villes à l'aide de machines. Dès lors, dans un pays où le sol propre à la culture est tellement restreint qu'il faut tous les ans tirer de l'étranger une grande partie des céréales indispensables à la nourriture des habitants, ce serait un non-sens que d'étendre la culture d'une plante si peu rémunératrice.

HUMULUS.

Le houblon se rencontre communément à l'état sauvage jusqu'au 64°, et, à cette latitude, on le trouve même à une hauteur de 150 mètres au-dessus du niveau de la mer. On le récolte parfois pour les besoins de la maison. Il est cultivé dans maintes localités, principalement près de Trondjem. Dans les années favorables, les fruits mûrissent même jusqu'au 68°. La plante supporte les hivers rigoureux, même sans le moindre abri. Il y a quelques années, on fit des essais importants avec des boutures envoyées de Bavière. Le houblon récolté fut essayé avec soin dans une des brasseries les plus importantes de Christiania, et le produit indigène fut jugé tout aussi bon que le houblon importé ; aussi est-il hors de doute que la culture de cette plante serait d'un produit avantageux. La valeur moyenne de l'importation depuis dix ans ne s'élève pas à moins de 115,000 thalers ou 15 à 1,600 mille francs.

Il est reconnu aujourd'hui qu'une boisson préparée avec du grain, et ressemblant plus ou moins à la bière fabriquée de nos jours, était connue dans toute l'Europe dès l'antiquité la plus reculée. Cette espèce de bière était la boisson ordinaire des Germains. Tacite l'appelle une imitation mauvaise et falsifiée du vin.

Nous ignorons si cette préparation était alors connue en Norwège. Ce ne fut que plus tard, vers le IXe siècle vraisemblablement, que l'on commença à employer le houblon. Jusqu'à cette époque, on avait eu recours à diverses autres plantes amères, pour enlever à la bière le goût sucré et désagréable du grain, et pouvoir en même temps la conserver plus longtemps et plus facilement. Dans ce but, on employait les graines amères des lupins, et en France, même encore quelquefois de nos jours, les feuilles du buis. En Allemagne, on se servait de diverses plantes plus ou moins amères, notamment du *ledum palustre*. En Angleterre, en Danemarck et en Norwège, on utilisait le genièvre, encore employé de nos jours, le trèfle d'eau, le lierre terrestre, la bruyère vulgaire, l'armoise, l'absinthe, l'achillée, etc.

Le malt était traité de la même manière et avec les mêmes ingrédients.

Il est étonnant qu'on n'ait pas songé plus tôt à utiliser le houblon, que l on rencontre partout à l'état sauvage, et que nous considerons comme une plante tout-à-fait indigene.

Nous ne trouvons dans les lois et ordonnances aucune trace de la règlementation de la culture du houblon avant le XIIIe ou le XIVe siècle; mais nous voyons dans ces documents la preuve que cette culture était dès lors remunératrice et avait déjà une certaine importance.

PLATANEES.

PLATANUS CUNEATA.

Trois variétés de platanes, sur lesquelles divers essais ont été tentés, n'ont pu être acclimatées. Elles souffrent dans les hivers tant soit peu rigoureux, ne mûrissent pas leurs fruits, et sont réduites à de simples arbrisseaux.

SALICINÉES.

SALIX.

Le saule et ses nombreuses variétés, qu'il serait difficile et inutile d'énumer ici, est cultivé et spontané en Norwege. Parfois il acquiert les dimensions d'un arbre et même d'un gros arbre de 3 à 4 mètres de circonférence, et remonte jusqu'au 68° ou 70° de latitude septentrionale. Comme en France, cet arbre si précieux est employé à de nombreux ouvrages de vannerie, et les branches bien choisies remplacent avec avantage les cordes de chanvre.

POPULUS.

Le tremble (*populus tremula*) se rencontre fréquemment dans toute la Scandinavie, et ne dépasse guère le 70°, où il reste à l'état d'arbrisseau, dépassant rarement une hauteur de 2 metres. Dans les contrées méridionales, il parvient à une altitude de 11 a 1,200 mètres, presque la limite des bouleaux. Dans les contrées méridionales, cet arbre atteint quelquefois de fortes dimensions. L'auteur en cite quelques-uns ayant 15 à 18 mètres en hauteur, et une circonférence de 1m 25 à 2m 30. A cinquante ans, le tremble est arrivé à sa maturité ; plus tard, le cœur pourrit généralement. Une croyance admise en Suède affirme que la croix du Sauveur avait été faite avec du bois de tremble ; c'est pourquoi les feuilles ont été condamnées à toujours trembler. Il est assez singulier que cette tradition se retrouve dans la haute Ecosse.

Les autres variétés de peuplier ne présentent aucune particularité à vous signaler ; il n'est pas fait mention du peuplier d'Italie, qui ne peut résister à une latitude aussi élevée.

Avant de s'occuper des plantes plus spécialement cultivées dans les jardins, l'auteur ouvre une large parenthèse pour nous communiquer quelques remarques générales sur l'histoire de leur introduction et de leur culture, regrettant de ne pouvoir présenter que peu de renseignements à cet égard. Les anciennes lois sont encore les meilleures sources où l'on puisse puiser. Elles édictent des peines contre les maraudeurs et offrent maintes fois des nomenclatures de plantes dont la dîme revenait au clergé. Mais là encore se trouvent peu de renseignements ; tout au plus paraît-il prouvé que la culture des jardins a pris, lors de l'établissement des monastères, un développement fort remarquable.

Le Danemarck, en communication directe avec l'Allemagne et le reste de l'Europe, préceda dans cette voie la Suède et la Norwège. L'abbé Wilhem, moine de l'eglise Sainte-Genevieve de Paris, envoyé en Danemarck, en 1165, par l'évêque Absalon, et mort en 1262, donna une vive impulsion à la culture des jardins, ainsi que nous l'apprennent les plaintes des moines d'Eskildsö, lors de la disette de 1866, année dans laquelle, faute de fourrages, presque toutes les brebis et les vaches moururent et où le couvent fut prive de beurre et de fromage. Les religieux révoltés, et oubliant le respect dû à leur supérieur, se disaient : « Pourquoi ce méchant nous a-t-il été envoyé ; il ne boit ni » ne mange et entasse dans ses coffres les revenus du couvent » convertis en or et en argent, tandis qu'il nous laisse » mourir de faim et ne nous donne pour notre nourriture » que de mauvaises plantes des champs. »

Une lettre adressée par l'abbé Wilhem à un de ses confreres à Paris, nommé Etienne, renferme la demande de graines, de racines et de greffes ; nous y trouvons la preuve que cet ecclésiastique introduisit, à la fin du XIIe siècle, différents légumes alors inconnus au Danemarck, en enseigna la culture et les fit servir à l'alimentation des religieux du couvent qu'il dirigeait.

CHENOPODÉES.

Dans les *chenopodées,* nous trouvons l'épinard cultivé comme légume jusqu'au 70°. Dans les positions les plus défavorables, la culture sur couche est indispensable, et les graines ne mûrissent alors que très difficilement.

Les différentes variétés de bette offrent aussi quelques ressources alimentaires.

Plusieurs essais ont été tentés pour la culture en grand de la betterave ordinaire et de la betterave à sucre; mais les résultats obtenus n'ont été que peu rémunérateurs.

POLYGONÉES.

Les *polygonées* fournissent plusieurs variétés de rhubarbe dont on fait des compotes fort appréciées, et l'*oxyria reniformis*, que l'on rencontre très communément dans les contrées montagneuses de la Norwège jusqu'au Cap Nord (71°). Dans le midi, elle s'élève jusqu'aux neiges éternelles, croît également en Islande, aux îles Feroe, au Spitzberg, où, à une latitude de 80°, sa tige s'éleve encore à 30 centimètres et fleurit à la fin de juin. Cette plante, comme légume, est bien préférable à toutes ses congénères, et mérite dès lors d'être recommandée d'une manière toute spéciale.

Dans les régions septentrionales de la Norwège, les feuille de l'*oxyria* sont récoltées en grande quantité par les habitants et conservées comme provision d'hiver. Dans ce but, on les fait bouillir avec un peu d'eau ou même sans eau, la plante possedant par elle-même assez d'humidité, jusqu'à ce qu'elles forment une masse ayant la consistance de la bouillie. Les habitants les mettent alors dans des barils de bois ou dans des vases d'écorce de bouleau, tandis que les Lapons emploient pour cet usage un estomac de renne, sans même prendre la peine de le nettoyer. Cette préparation est placée de telle sorte que, pendant tout l'hiver, elle reste constamment gelée; elle se conserve ainsi jusqu'aux premières chaleurs du printemps.

Cet aliment est souvent consommé avec du lait ; mais plus ordinairement mélangé avec de la farine ; il constitue un pain particulier très mince d'environ un metre de diamètre et de l'épaisseur d'un couteau de table ordinaire. Dans toute la Norwège, on fabrique des pains de ce genre sans levain et sans addition d'oseille. Ils sont connus sous le nom de *pains plats*. On les fait cuire sur des plaques de fonte, et on les mange avec du poisson ou de la viande, ou même seuls avec du beurre, du fromage ou du lait.

Les Lapons, qui consomment beaucoup moins de nourriture végétale que les Norwégiens, font ordinairement bouillir dans du lait de renne l'oseille ainsi préparée. Au printemps, ils la mélangent avec des tiges de *mulgedium alpinum*, qui lui communique une saveur tellement amère qu'il n'y a que le palais d'un Lapon qui puisse supporter un pareil aliment ; mais là encore l'expérience a appris à ces peuplades qu'une certaine quantité de nourriture végétale et amère leur était indispensable, principalement pour les préserver du scorbut.

La récolte des feuilles est l'ouvrage des femmes, qui en mangent en quantité tant que dure la cueillette. Cette plante contient une notable quantité de matière colorante, dont on ne connaît pas au juste les propriétés spéciales ; mais qui a au moins celle de teindre en jaune la peau, les ongles et les yeux des femmes qui en font usage. Cette coloration se dissipe peu à peu à l'automne.

Les tubercules du *polygonum viviparum* etaient encore, au siècle dernier, employés comme succédanés de la farine. On les faisait sécher, et, moulus, on les mélangeait avec la farine pour les faire cuire comme le pain, qui prenait une couleur très noire, tout en conservant ses qualités nutritives.

Les *polygonum fagopyrum* et *tartaricum*, ou blé noir, ne sont que très peu cultivés, bien que dans beaucoup de localités le terrain et le climat conviendraient parfaitement à cette culture. En rase campagne, les fruits mûrissent dans les années ordinaires jusqu'au 63°. Il serait difficile de préciser aujourd'hui l'époque à laquelle le blé noir a été importé en Europe. En Allemagne, il en est déjà question en l'an 1436, De là il se répandit en Danemarck, où, cent ans après, il était généralement cultivé. Une ordonnance, publiée en 1545, par Christian III, règlementant la consommation annuelle de chaque religieuse dans les couvents de femme, détermine entre autres les quantités suivantes ; « 14 tonnes de bière, 2 cochons vivants, 6 moutons également vivants, 6 brebis grasses, 6 oies en vie, 10 paires de poulets, 1/4 de tonne de beurre et 17 litres de gruau de blé noir. »

PLANTAGINÉES.

PLANTAGO.

Les différentes espèces de *plantain* sont très communes. Dans toute la Scandinavie, comme en Islande, les feuilles ont la réputation de guérir les blessures, même déjà invétérées. Cette opinion est répandue en Allemagne, en Angleterre et en Suisse. Les feuilles du plantain lancéolé sont pilées et mises sur les blessures fraîches, pour empêcher la gangrêne. Dans le Nord de la Norwège, les habitants recueillent, la veille de la Saint-Jean, au soir, autant de tiges de plantain en fleur qu'il y a d'habitants dans la maison. On arrache toutes les étamines déjà développées et on place toutes les tiges dans l'eau, de telle façon que chacun puisse reconnaître celle qui lui a été attribuée. La personne dont la hampe n'a, pendant la nuit, émis aucune etamine nouvelle, périra certainement dans l'année.

La *valériane* est considérée comme jouissant de propriétés magiques. Dans plusieurs localités, la racine est récoltée pour être employée, non sans raison, comme remède dans les maladies des hommes et du bétail.

La *valerianelle*, qui constitue nos salades d'hiver, n'est pas cultivée et ne se rencontre pas à l'état sauvage.

COMPOSEES.

Les *composées*, qui occupent une si large place dans le règne végétal, ne nous présentent que peu de points qui méritent de vous être signalés.

ACHILLÆA.

L'*achillœa mille folium*, qui remonte jusqu'au 71°, et s'élève le long des montagnes jusqu'à une altitude de 12 à 1,400 metres, est souvent utilisé par les Lapons en guise de thé. Son nom, en norwégien, prouve que cette plante était employée autrefois pour la fabrication de la biere. Linné affirme que cette boisson, ainsi fabriquée, amène facilement l'ivresse. En Suède, avant l'introduction du tabac, on se servait des feuilles de l'achillæa séchées et pilées en guise de tabac à priser. Cet usage existe encore dans quelques localités.

ABSINTHIUM.

L'*absinthe* se rencontre fréquemment à l'état sauvage ; il en est fait mention comme médicament dès le XIIIe siecle. Les habitants de la campagne consomment le vermouth qu'ils en obtiennent, soit pur ou mélangé avec de l'eau-de-vie de grains, soit après y avoir fait infuser de la racine de gentiane pourpre ou de l'angélique. Cette boisson est employée contre les coliques à la dose d'un verre à vin plus ou moins plein, suivant les circonstances.

CIRSIUM PALUSTRE.

Très commun en Norwège, le *cirsium palustre* est

regardé dans beaucoup de localités comme devant prédire la température de l'hiver qui va suivre. Quand la plante atteint une grande hauteur, c'est un pronostic annonçant qu'il tombera beaucoup de neige. La Providence, dans sa sagesse, l'a ainsi ordonné, afin que les calathides puissent toujours s'élever au-dessus des neiges et assurer ainsi la nourriture des petits oiseaux.

CAPRIFOLIACEES.

SAMBUNUS NIGRA.

Dans la famille des *caprifoliacées,* le sureau commun remonte jusqu'au 63°. Les arbustes que l'on trouve plus au nord ont été plantés ou peut-être semés par les oiseaux, qui se nourrissent de leurs baies. Près de Christiania, le sureau atteint une hauteur de 5 à 6 mètres, et une circonférence au tronc de 60 à 80 centimètres.

Plusieurs varietés sont cultivées ; mais aucune ne mérite une mention particulière.

OLEACÉES.

FRAXINUS EXCELSIOR.

Le frêne, *fraxinus excelsior,* se rencontre à l'état sauvage jusqu'au 63° ; mais, même dans les contrées méridionales, il ne s'élève pas à plus de 5 metres à 6m 50. Dans plusieurs provinces, il reste à l'état de buisson et souffre beaucoup du froid dans certains hivers. Cependant l'auteur cite une série d'arbres isolés, d'un développement très remarquable, d'une hauteur de 25 à 30 metres, et d'une circonférence de 2m 30 à 4m 40. Ces arbres constituent de rares exceptions.

Le frêne joue un rôle important dans l'ancienne mythologie scandinave. C'est sous le frêne de Yggdrasil, l'arbre du monde, que se réunissaient les dieux, et les habitants primitifs le considéraient comme le symbole de la vie, se renouvelant et disparaissant sans cesse.

GENTIANÉES.

GENTIANA PURPUREA.

La *gentiane pourpre* s'étend jusqu'au 61°, et est récoltée en assez grande quantité pour les besoins pharmaceutiques et les recettes du ménage.

MENYANTES TRIFOLIATA.

Le *trèfle d'eau* est une plante très commune. Les rennes, nous l'avons vu plus haut, la recherchent avec avidité au printemps. Dans le Nord, les racines remplacent le blé dans les années de disette. Elle se trouve en Islande quelquefois en si grande quantité, dans les marais, que les tiges entrelacées supportent facilement le poids d'un cheval et son cavalier. Le trèfle d'eau est récolté en grande quantité par les pharmaciens, et est employé en Islande contre les maladies chroniques du bas-ventre.

BORRAGINÉES.

PULMONARIA MARITIMA.

Parmi les *borraginées*, l'auteur remarque spécialement la *pulmonaire maritime,* plante très commune le long des côtes et inconnue dans nos parages. Il s'étonne même qu'elle n'ait jamais été cultivée ; elle mériterait cependant à ses yeux les soins tout particuliers des amateurs.

Les feuilles de ce végétal rappellent le goût de l'huître

d'une manière si frappante qu'elle devrait porter le nom de *plante aux huîtres*. L'auteur l'affirme d'après sa propre expérience : dans ses excursions sur les bords de la mer, il a eu très souvent occasion d'en manger en salade. Nous sommes heureux de signaler cette plante précieuse aux nombreux amateurs de ce mollusque.

SOLANÉES.

SOLANUM TUBEROSUM.

La *pomme de terre* est généralement cultivée jusqu'à une altitude supérieure à celle des diverses espèces de céréales. On l'a cultivée avec succès jusqu'au 70° et même 71° de latitude. Dans la petite île de Vadsö, 70°, le pasteur récolte tous les ans la provision nécessaire à son ménage. Cette solanée donne généralement 7 à 8 fois, et, dans les bonnes années, 12 fois la semence. La plantation a lieu généralement fin mai ou commencement de juin, et la récolte vers le commencement de septembre. La grosseur des tubercules diminue à mesure que l'on remonte vers le Nord. Dans le midi, la pomme de terre peut être cultivée à une altitude un peu supérieure à celle de l'orge, soit à environ 800 mètres. Cette culture, pour toute la Norwege, couvre une surface de 32,000 hectares, produisant en moyenne 6 millions d'hectolitres.

Ce précieux tubercule fut importé en Suède en 1725 ; mais d'abord personne ne voulait en manger. La répugnance était telle que l'importateur ne pouvait trouver de domestiques, aucun ne voulant consentir, même à prix d'argent, à y goûter. La culture ne fit aucun progrès jusqu'en 1762. A cette époque, les soldats revenant de la guerre de Sept-Ans, qui avaient pu apprécier en Allemagne la qualité de ce légume, en avaient rapporté quelques tubercules et les plantèrent. Cependant la culture se répandit lentement jusqu'au moment où l'on apprit à en retirer de l'eau-de-vie. Cette solanée ne fut introduite en Norwège que vers le milieu du siècle dernier, par le prieur Jean Karsten. On ne sait pas d'où elle lui était venue; il est à présumer qu'il en reçut d'Angleterre une petite quantité qui, grâce à son zèle, se répandit dans une partie de la Norwège.

A la fin du siècle dernier, comme aujourd'hui encore, Berghen était la seule ville de la province où il était possible de trouver un placement avantageux des produits destinés aux besoins du ménage; mais là aussi le nouvel aliment n'obtint que peu de débit. Longtemps on le considéra comme une rareté réservée à la table des riches et devant être ménagée pour les grandes solennités de la famille; et personne n'en voulait, même à bas prix pour la consommation journalière.

On s'aperçut cependant que la garnison de Berghen, composée alors de soldats allemands, savait apprécier le nouvel aliment; on leur en envoya une certaine quantité. Les soldats, à leur tour, par leur exemple, apprirent aux habitants à en faire usage. Jamais probablement garnison n'a rendu un aussi grand service aux habitants de la ville qu'elle occupait. Nous lisons dans un mémoire de l'epoque, sur cette matière, que les paysans les plus pauvres, que l'on engageait plus spécialement à cultiver le nouveau tubercule, s'y refusaient en objectant : « Q'après en avoir mangé, leurs femmes leur donnaient trop d'enfants. » Les pauvres gens de Berghen tenaient le même langage. La présence des soldats allemands, nous dit l'auteur, n'aurait-elle pas contribué à répandre cette opinion? Si elle a quelque chose de fonde, nous serions, pour notre compte, plutôt disposé à imputer ce résultat à une nourriture plus saine et plus abondante.

Après beaucoup d'efforts, la culture fit enfin de grands progrès à la fin du XVIIIe siècle ; mais ce ne fut que dans les premières années du XIXe que les contrées septentrionales connurent ce précieux végétal, qui ne fut cultivé dans la Finlande occidentale que vers 1830 et par les soins du Gouvernement, sollicite par la Société instituée pour l'amélioration de tout ce qui tient au bien-être de la population.

La pomme de terre est surtout cultivée depuis la guerre de 1807. Lors de la séparation politique de la Norwège et du Danemarck, les lois fiscales portèrent une grave atteinte à la fabrication de l'eau-de-vie ; toutefois, depuis, cette branche de produits a diminué d'importance, la production comme denrée alimentaire n'a pas cessé de s'accroître.

NICOTIANA TABACUM.

Le tabac a été cultivé lors du blocus continental ; mais cette plante ne donnait que de mauvais produits, la privation seule pouvait forcer à les employer ; il en est encore récolté dans certaines contrées du Nord ; mais tout le monde ne pourrait fumer ou priser une substance aussi détestable, et la Norwège en est réduite à tirer de l'étranger environ 3 millions 1/2 de kilogrammes de cette denrée, représentant une valeur d'environ 12 millions de francs.

UTRICULARIEES.

PINGUICULA VULGARIS.

La grassette, commune dans nos contrées, est employée, comme le *galium verum*, pour faire cailler le lait employé à la fabrication du fromage.

OMBELLIFERES.

APIUM GRAVEOLENS RAPACEUM.

Parmi les *ombellifères,* le *céleri-rave* est cultivé presque partout. Toutefois, la grosseur de la racine va toujours en diminuant à mesure qu'elle s'avance vers le Nord, au point qu'elle finit par ne plus pouvoir servir que comme condiment pour le potage.

La même remarque s'applique aussi à la végétation du *persil tuberculeux* et du *persil à feuilles*, dont on cultive nombre de variétés.

CARUM CARVI.

Le *cumin* est à l'état sauvage et cultivé dans beaucoup de contrées. Des tentatives sérieuses, faisant espérer un succès complet, ont été faites et se poursuivent encore pour amener cette plante, par des cultures successives, à donner des racines tuberculeuses devant présenter une nouvelle et précieuse ressource pour l'alimentation.

Dans les contrées septentrionales, on employait encore, vers 1818, pour le déjeûner, une boisson composée d'une décoction de cumin dans l'eau, avec addition de feuilles ou baies de myrtilles (*vitis idœa*).

ANGELICA ARCHANGELICA.

L'*archangélique* est très commune dans les parties montagneuses de la Norwège ; elle y atteint une hauteur de près de 2 metres, et, sur les côtes d'Islande, elle se développe tellement qu'un homme peut facilement introduire son bras dans la partie creuse des tiges, qui sont, dans les campagnes, une véritable friandise. Pour les employer, on pèle la peau extérieure, et souvent on les mange sans autre préparation. Elles doivent être récoltées avant l'épanouissement de la fleur; elles sont alors plus tendres et d'un goût plus délicat.

Les habitants aisés les font confire avec du sucre.

Les Lapons consomment pendant tout l'été, en grande quantité cette ombellifère, qui leur est très salutaire après la nourriture animale de l'hiver; ils la mangent généralement sans préparation; dans quelques districts, sur le bord de la mer, on la trempe dans de l'huile de poisson, ce que l'on considère comme un véritable régal. Les Lapons hachent aussi les jeunes fleurs encore en boutons, les font cuire dans du lait de renne jusqu'à consistance de bouillie, et les suspendent enfermées dans un estomac de renne, afin de les faire sécher pour les besoins de l'hiver. Cette masse a pris alors un aspect analogue à celui du fromage, et les Lapons la considèrent comme un de leurs meilleurs mets. Les Groenlandais sont dans l'usage de conserver l'archangélique avec du lard de chien marin, souvent en putréfaction, et de l'enfermer dans une peau de cet animal. Mélangées avec du beurre, du lait ou du poisson séché, les racines servent aussi à l'alimentation. Coupées et desséchées en petits morceaux ou en lanières, elles servent comme préparation médicinale, apres avoir été infusées dans l'eau-de-vie. Plus ou moins falsifiées par leur mélange avec des racines étrangères, elles sont exportées en assez grande quantité.

PASTINACA SATIRA. — DAUCUS CAROTA.

Le *panais* et la *carotte* surtout sont généralement cultivés et donnent de bons résultats, bien que, comme toujours, à mesure que l'on s'élève vers le Nord, les racines restent de plus en plus petites.

L'*anthriscus cerifolium*, vulgairement *cerfeuil*, réussit également partout.

AMPELIDÉES.

VITIS VINIFERA.

La vigne ne peut donner quelques produits que cultivée en espaliers, et même au-delà du 51°, ce mode de culture ne saurait suffire. Les espaliers doivent être alors garnis de planches et munis de fenêtres, et tout cela pour obtenir quelques grappes ne mûrissant à peu près que dans quelques années favorables. Dans les contrées méridionales, les souches peuvent impunément se passer d'abri pendant l'hiver; mais déjà, à Christiania, il ne serait pas prudent de les abandonner à l'air libre.

Le *Franckenthal rose* est la variété qui réussit encore le mieux.

LORANTHACÉES.

VISCUM ALBUM.

Le *gui* est une plante très rare en Norwège, et se rencontre principalement sur le tilleul à petites feuilles. Les paysans en placent souvent des branches sous les poutres de la toiture, dans l'espoir de garantir la maison de différents fléaux, et principalement de l'incendie. La plante jouit d'une grande réputation comme remède dans diverses maladies, particulièrement contre l'épilepsie. On met dans la main du malade un couteau dont le manche est fait de bois de gui. Dans d'autres cas, on met au patient un collier ou des bagues fabriquées avec le même bois.

Le gui sert encore à découvrir les trésors cachés; mais pour que ce bois précieux conserve toute sa vertu, il est indispensable qu'il soit abattu à coups de fusil ou tout au moins avec des pierres.

Le gui de chêne est reconnu comme préférable à tout autre.

RIBESIACEES.

RIBES.

Les différentes variétés de *groseilles* à l'état sauvage donnent encore quelques fruits, mais petits et acides, surtout en remontant vers le Nord, et sont, en somme, de peu de ressource.

CRUCIFERES.

COCHLEARIA.

Parmi les *crucifères*, nous remarquons les diverses espèces de *cochlearia*, importées par les moines il y a des siècles. Ce genre de plantes jouissait, au XIIe siècle, d'une grande réputation. C'était un antidote souverain, permettant à la personne qui s'en était frotté les mains de saisir et retenir une vipère sans courir aucun danger. Les qualités anti-scorbutiques reconnues de cette crucifère la rendent précieuse à une population essentiellement adonnée à la navigation, et faisant usage d'une nourriture surtout animale.

Toutes les variétés sont cultivées jusqu'au 60° de latitude.

BRASSICA.

Les *brassica* et leurs nombreuses variétés comestibles et oléifères sont cultivées partout. Elles réussissent même dans les contrées les plus septentrionales et sont une ressource infiniment précieuse pour l'alimentation et le bien-être de toute la population. Il nous est impossible de suivre l'auteur dans l'énumération de toutes les variétés et des soins spéciaux de culture à donner à chacune d'elles, et des résultats obtenus.

CUCURBITACÉES.

CUCUMIS MELO.

Le *cucumis melo* réussit, planté sur couche, même jusqu'à Throndjeim, 63°, et donne des fruits savoureux de 3 à 4 kilog.

Les jardiniers de Christiania obtiennent les premiers melons du 8 au 12 juin. Par de nombreuses expériences, faites par lui-même, l'auteur a constaté que les melons mûrissent plus tôt si, au lieu de laisser les tiges ramper sur le sol, on les fixe, à mesure de leur développement, à des bâtons attaches en croix et formant une espèce d'espalier, laissant le fruit suspendu jusqu'à ce que le poids, augmentant tous les jours, rende un support indispensable. La culture de ce fruit a fait, depuis quelques années, des progrès remarquables et est devenue, pour les jardiniers une branche de revenus assez importante.

Cultivés sur couche, le *concombre* et le *potiron* réussissent également jusqu'à une latitude fort élevée.

TILIACÉES.

TILIA PARVIFLORA.

Le *tilleul* à petites feuilles est la seule espèce de ce genre que l'on rencontre à l'état sauvage. Il ne dépasse guère le 61° de latitude septentrionale ; on cite quelques arbres d'une dimension remarquable, ayant 2 à 3 mètres de circonférence sur une hauteur de 11 à 12 mètres. Cette essence d'arbre paraît, en somme, peu répandue.

ACÉRINEES.

ACER PLATANOIDES.

L'*érable*, faux platane, ne se trouve à l'état spontané que dans quelques contrées, au sud-ouest de la Norwège. Il ne quitte guère les plaines ; ses dimensions sont à peu près celles du tilleul.

HIPPOCASTANEES.

AESCULUS HIPPOCASTANUM.

Le *marronnier* ne se trouve pas à l'état sauvage ; il a été planté et même semé dans diverses localités. Il prospère jusque vers le 63°. Cet arbre peut atteindre une hauteur de 15 mèt. sur une circonférence de 2m 50 à 3 mèt. Il réussit de préférence dans un terrain maigre. Lorsque le sol est trop fertile, les jeunes pousses sont exposées à souffrir de la gelée.

Les bois des trois arbres qui précèdent ne paraissent pas offrir à l'industrie et au commerce des ressources de quelque importance

EMPÉTREES.

EMPETRUM NIGRUM.

La *camarine noire* est très commune dans la Scandinavie. Les oiseaux se nourrissent des baies et les habitants les ramassent et les conservent, cuites avec du lait, comme provision d'hiver. A cette saison, les Lapons laissent geler cette préparation, et, quand ils veulent s'en servir, ils la pilent ou la broient avec une cuillere faite des intestins d'un renne. Pour obtenir un mets tout-à-fait délicat et à leur goût, les Lapons habitant les côtes font cuire du foie de poisson jusqu'à consistance de bouillie, et, pendant la cuisson, y introduisent des baies fraîches de camarine. Dans quelques contrées, les habitants les récoltent à l'automne comme fruit de dessert, surtout après une première gelée, qui en adoucit l'âpreté. En hiver, on les mange avec des champignons. Mises dans un tonneau avec de l'eau, elles donnent par la fermentation une boisson fort employée encore aujourd'hui, analogue à celle qui, sous le nom de *piquette,* se préparait tout récemment et se prépare même encore dans nos campagnes.

JUGLANDÉES.

JUGLANS.

Le *noyer* se trouve fréquemment dans les provinces méridionales jusque vers le 63°. On peut, dans les années chaudes, récolter quelques fruits murs. Dans la ville de Droeback, 59°, se trouve un noyer semé il y a 60 ans, ayant une hauteur de 12 mètres et une circonférence de 2m 05. Cet arbre a donné jusqu'à 2 hectolitres de noix. A l'automne de 1874, quand le docteur Schubeler le vit pour la première fois, il en portait au moins un hectolitre.

LINÉES.

LINUM USITATISSIMUM.

Le lin pourrait être cultivé à une latitude et à une altitude très élevées. Mais cette plante textile n'entre que pour une valeur insignifiante dans le produit des récoltes de la Norwège. Le prix élevé qu'avait atteint le coton pendant les dernières guerres d'Amérique avait amené, il est vrai, une grande augmentation passagère dans les produits;

mais, dès qu'après la conclusion de la paix les choses reprirent leur marche normale, cette culture a diminué tous les jours et devient, chaque année, moins rémunératrice. Quelques cultivateurs ensemencent encore quelques champs; mais il ne faut y voir que la propension naturelle à tout propriétaire de récolter sur son propre fonds tout ce dont il peut avoir besoin, et le désir de vivre de ses propres ressources.

POMACÉES.

PYRUS MALUS.

Le *pommier sauvage* ne paraît pas remonter au Nord au-delà du 63°. Là il a cependant encore d'assez fortes dimensions relatives (5 à 6 mètres de hauteur et jusqu'à 2 mètres de circonférence). Sur la pente des montagnes, il atteint une altitude de 500 mètres au-dessus du niveau de la mer. Les pommiers greffés cultivés vers le 65°, ne peuvent généralement donner que très peu de fruits mûrs. Dans une station plus méridionale, on obtient de bons résultats, même à une altitude de 4 à 500 mètres. L'auteur estime que le nombre des variétés de pommiers cultivés ne saurait être évalué à moins de 350, en tenant compte surtout des nombreuses espèces envoyées de toutes les contrées de l'Europe, qui ont plus ou moins prospéré, et donnent, pour beaucoup d'entre elles, des produits dont la finesse ne le cède en rien à celle des meilleures espèces de l'Europe centrale. Ils forment une collection certainement unique au monde, surtout à une semblable latitude. Notre savant docteur comprend bien qu'à l'étranger on puisse penser qu'il est à toute force possible d'obtenir en Norwège des fruits d'une certaine apparence; mais que, pour la grosseur, l'arôme et le goût, ces produits ne doivent jamais pouvoir entrer en comparaison avec les produits similaires de l'Europe centrale. Mais cette opinion, émise par un savant professeur de l'Université d'Oxford, excite les plus vives réclamations de notre auteur ; aussi cherche-t-il, par de nombreuses citations, à apporter la preuve du contraire, et recommande-t-il de propager, par tous les moyens possibles, et notamment par des encouragements émanant de l'autorité supérieure, les plantations encore trop restreintes de nouveaux pommiers, en choisissant les variétés que l'expérience a démontré être les plus résistantes et les plus savoureuses.

La culture des pommiers était connue et pratiquée dès les XIe et XIIe siècles ; mais ce n'est guere que vers le XVe qu'elle se répandit et se généralisa principalement et presque uniquement dans les jardins des couvents et dans les terres qui en dépendaient.

Le *poirier sauvage* n'existe pas en Norwège ; mais, greffé, il est cultivé jusque vers le 63°. On en connaît 70 variétés. Comme pour les pommiers, on a le tort de ne pas s'attachér assez aux espèces pouvant réussir dans ces contrées. Sur la foi de beaux catalogues, on fait venir souvent des variétés peu recommandables ou peu appropriées au sol dans lequel on les transporte. Elles deviennent ainsi une déception et un découragement pour les importateurs. Il serait bien préférable de ne cultiver qu'une vingtaine d'espèces de pommiers et une dizaine de poiriers reconnus capables de donner de bons fruits. On obtiendrait par là de bien meilleurs résultats, une culture plus répandue, et, conséquemment, une plus grande somme de bien-être pour la population.

SORBUS AUCUPARIA.

Les *sorbiers* et leurs nombreuses variétés se rencontrent très fréquemment. Quelques-unes remontent jusque vers le 70° de latitude ; mais là, suivant les règles générales de la végétation, les sujets ne se présentent qu'à l'état de simples buissons rabougris, s'élevant à peine à un mètre de hauteur. Même dans les provinces plus méridionales, ces arbres n'atteignent jamais un grand développement ni un âge très avancé.

Le *sorbier aucuparia* jouissait autrefois d'une grande réputation dans les croyances populaires, s'appliquant surtout aux arbres devenus parasites, sur d'autres espèces, ou sur le toit des habitations, et provenant des graines qui y avaient été apportées par les oiseaux. Un morceau du bois de ces arbres entre les mains d'un homme qui savait s'en servir avait des propriétés nombreuses et importantes : malheureusement, les hommes experts en cette matière sont très difficiles à rencontrer. Lorsque le beurre ne voulait pas prendre, un morceau de bois de sorbier mis dans la baratte était un remède infaillible. En Suède, on s'en servait pour découvrir des trésors ; mais le bois était préalablement l'objet de certaines pratiques spéciales, dont la recette est malheureusement perdue. Les jeunes gens prétendaient que les jeunes filles qui auraient sur elles un morceau de ce bois seraient dans l'impossibilité de leur résister.

En Islande, les croyances populaires attribuent au sorbier des propriétés analogues. Une chaloupe dans la construction de laquelle entre le plus petit morceau de ce bois sombrera fatalement. Un seul morceau cloue après une maison empêchera bêtes et gens de mettre leur progéniture au monde, et les meilleurs amis se brouilleront s'ils ont le malheur de s'asseoir devant un foyer où brûle de ce bois.

Dans la mythologie scandinave, le sorbier est consacré au dieu Thor. Ce dieu voulut un jour rendre visite à Geirrod, il devait traverser à gué le fleuve Vimor, qui lui paraissait peu profond. Arrivé au milieu du fleuve, une crue subite, dont la fille de Geirrod était cause, faillit lui être fatale, et il ne dut son salut qu'à un sorbier planté sur la rive. Le dieu conserva toujours un bon souvenir du service que cet arbre venait de lui rendre.

ROSACÉES.

ROSA.

On ne trouve en Norwège que cinq espèces de *roses sauvages;* mais on obtient dans les jardins, avec les soins convenables, presque toutes les variétés que l'art du jardinier a su produire depuis quelques années.

RUBUS.

Parmi les *rubus*, nous citerons le *framboisier*, donnant, à l'état sauvage, des fruits mûrs dans le midi de la Norwège, même à une assez grande altitude au-dessus du niveau de la mer.

Il en est de même des *ronces sauvages;* mais leurs produits ne sont pas utilisés.

FRAGARIA.

Très commun dans toute la Scandinavie, le fraisier remonte jusqu'au 70° de latitude. Là, dans les bonnes années, les fruits mûrissent fin août. Dans le midi, on les obtient vers le commencement de juin. Beaucoup de variétés cultivées, et des meilleures, sont l'objet des soins des jardiniers, et forment une ressource précieuse et recherchée pour les desserts.

AMYGDALÉES.

AMANDIER.

Quelques amandiers plantés en plein vent, sur les côtes

méridionales, donnent de temps en temps quelques fruits mûrs ; mais généralement la fleur avorte. Un petit nombre d'arbres est cultivé en espalier, et les fruits mûrissent à moitié dans les étes les plus favorables.

PERSICA VULGARIS.

Il en est de même des *pêchers* en espalier et cultivés seulement sur le bord de la mer. Il est très rare de voir les fruits parvenir à une maturité relative. L'auteur ne cite que quelques spécimens faciles à compter.

PRUNUS ARMENICA.

L'*abricot* est plus souvent et plus facilement cultivé que la pêche. En espalier, les fruits mûrissent jusqu'au 69°. Le long des côtes méridionales, il n'est pas rare de trouver ces arbres couvrant une superficie de 4 à 5 mètres carrés, donnant tous les ans plusieurs centaines de fruits. Un sujet planté dans la petite ville de Holmestrand couvre une surface de 5m60 de large et 7 à 8 mètres de hauteur, et donne généralement tous les ans 3 à 4,000 fruits, dont la majeure partie mûrit en août.

PRUNUS DOMESTICA.

Le *prunier domestique* est assez généralement planté en plein vent, le long des côtes méridionales, jusqu'au 64°.

La *reine-claude* y mûrit même, mais en espalier seulement. Plusieurs variétés sont cultivées dans les environs de Christiania.

Quelques horticulteurs émérites peuvent s'étonner, à juste titre, que l'on puisse, à une altitude aussi élevée, obtenir encore des fruits mûrs ; mais il s'agit seulement de quelques localités dans une exposition exceptionnelle, et l'auteur reconnaît lui-même que si, dans l'acception botanique du mot, le fruit est complètement développé et la graine mûre et capable de germer, les amateurs habitués à demander à un fruit mûr un goût sucré, aromatique et dépouillé de toute acidité, pourraient ne trouver que peu de prunes à leur goût parmi celles que l'on récolte en Norwège. Chacun sait, en effet, que plus on avance vers le Nord, plus les fruits conservent d'acidité.

PRUNUS CERASUS.

Dans les mêmes conditions, les *cerisiers* donnent généralement leur récolte et présentent quelques ressources pour les besoins de l'alimentation. Les arbres y atteignent même d'assez fortes dimensions.

LEGUMINEUSES.

MEDICAGO SATIVA.

Parmi les *légumineuses*, votre rapporteur vous signalera la *luzerne cultivée*. Cette plante est peu répandue en Norwège. Enfouie sous la neige, elle passe facilement l'hiver ; mais les alternatives de froid et de dégel la font périr au printemps. En somme, on n'en obtient qu'un assez maigre produit.

TRIFOLIUM PRATENSE.

Le *trefle des prés* et le *trèfle incarnat* sont cultivés depuis quelques années, et se trouvent même à l'état subspontané ; mais ces plantes ne paraissent être ni pouvoir être grandement utilisées. Comme dans nos contrées, on croit qu'une feuille de trèfle à 4 folioles porte bonheur, surtout quand on la trouve sans la chercher.

PISUM.

On cultive en assez notable quantité, dans la grande

culture, une espèce de *petits pois gris*. Les champs ensemencés avec cette légumineuse représentent environ 2 à 3 p. 0/0 de la totalité des champs consacrés à la culture. On sème aussi dans les jardins plusieurs variétés de *pois hâtifs* qui réussissent très bien.

ERVUM LENS.

La *lentille ordinaire* n'est cultivée ni dans les champs ni dans les jardins.

PHASEOLUS.

Les *haricots* enfin sont récoltés en nombreuses variétés dans beaucoup de jardins; mais cette précieuse légumineuse, trop sensible aux gelées, ne saurait, dans un pays comme la Norwège, devenir une ressource pour la grande culture.

VICIA FABA.

On retire encore quelques produits de la *vicia faba*. (vulgairement *faverolle*). Cette plante, pour arriver à maturité, a besoin d'une période moyenne de 105 jours. Sa culture ne dépasse pas la limite de celle du froment et donne environ 1/2 hectolitre de graine par hectare. Les produits servent à la nourriture de l'homme et à celle du bétail. On la trouve fréquemment dans les jardins; là, elle remonte à une latitude beaucoup plus élevée.

Après un exposé si consciencieux et si complet de la végétation des plantes spontanées et cultivées de la Norwege, exposé que votre rapporteur n'a pu que parcourir succinctement, forcé d'omettre, dans un rapport déjà trop étendu, des aperçus, des faits et des expériences du plus grand intérêt, notre savant auteur dresse un tableau de presque toutes les plantes énumérées par lui, indiquant pour chacune d'elles la limite extrême de latitude à laquelle elle a pu être rencontrée. Cette nomenclature d'au moins 1,200 plantes est, à elle seule, le résultat de recherches arides et difficiles, et a occasionné à l'auteur un travail de longues années.

Il résulte en outre d'une longue série d'observations quotidiennes, consignées par un médecin de district, le docteur Printz, dirigeant une des annexes que notre auteur a fondées, située vers le 60° de latitude, que la température moyenne de cette contrée, de 1866 à 1874, ne s'élève pas même à + 3 degrés, descendant en 1867 à + 1° 20.

La température la plus basse, constatée pendant ce laps de temps, étant de 35° 6 le 12 février 1871.

Pendant ces neuf années, le docteur Printz a noté pour toutes et chacune des plantes spontanées de la contrée qu'il habite les observations suivantes :

Date de :	première fleur plusieurs fleurs pleines fleurs dernières fleurs	Une moyenne générale de neuf années donne l'époque précise, pour chaque fleur, de ces diverses phases de la végétation.

Vous comprendrez la peine au moins matérielle que s'est imposée l'observateur, quand nous vous dirons que ce travail comprend au moins 2,000 plantes. Une foi vive et une ardeur peu commune ont pu seules lui faire mener à fin une entreprise de si longue haleine.

Après avoir analysé ainsi successivement toutes les parties de l'important travail que vous lui avez confié, votre rapporteur pourrait se dispenser de vous le résumer en quelques mots. Vous avez déjà apprécié ce travail consciencieux. Aucune des plantes présentant quelque intérêt n'a été omise. Pour chacune d'elles, l'auteur a indiqué d'une manière plus ou moins sommaire son habitat, son altitude, sa longitude, le développement qu'elle peut atteindre suivant la culture et les localités, et surtout les ressources qu'elles peuvent présenter au point de vue de l'alimentation, de l'economie domestique ou de l'ornementation des jardins. Il y a joint toutes les légendes et les croyances populaires qui s'y rattachent.

Vous avez pu, Messieurs, pénétrer dans la vie intime de ces contrées désolées, presque privées de la lumière du soleil et de végétation pendant la majeure partie de l'année. Il nous semble que comme nous vous avez dû vous interesser aux dures privations de la vie matérielle et intellectuelle d'une population reléguée dans des contrées si déhéritées et vivant d'une vie si pénible.

Cependant, Messieurs, au milieu des privations et des dures nécessités de l'existence, il est facile de penser et de se convaincre que, somme toute, la population des campagnes, née dans de semblables conditions, ne souffre pas autant que nous pourrions le croire, et que nous souffririons nous-mêmes si nous y étions brusquement transportés. Elle ne connaît pas, il est vrai, les jouissances et le bien-être des contrées méridionales ; mais la sagesse de la Providence, bonne mère pour tous ses enfants, a voulu que là, comme sur toute la surface de la terre, les jouissances et les satisfactions de la famille et d'un bien-être répondant à leurs aspirations, devinssent leur partage, comme sous toute autre latitude.

Depuis le commencement du siecle, le commerce intérieur et extérieur a fait des progrès énormes : les produits de la pêche et des forêts alimentent une exportation d'au moins 100 millions de francs qui, transformés à l'étranger, reviennent rapportant les objets necessaires à l'existence, et, pour quelques-uns l'aisance, tandis que la population rurale, sur une superficie arable trop restreinte et qu'elle cherche à agrandir, s'efforce de suffire à l'alimentation du pays. Vous apprécierez l'importance et la nécessité de ces efforts en songeant que, sur 31 millions d'hectares dont se compose la superficie du royaume, plus de 23 ne sont pas et ne seront jamais cultivables.

Les bois et les forêts couvrent environ 7 millions ; les prairies naturelles, 780,000, et les terres arables, 255,000 seulement.

L'intelligente et laborieuse population ne s'est pas decouragée. En présence de cette stérilité, qui l'entoure presque entièrement, elle a travaillé et, comme toujours en pareil cas, le succès a répondu à ses efforts. Depuis le commencement du siècle, la population a doublé ; elle est aujourd'hui de 1,700,000 habitants. De grands efforts ont eté heureusement tentés pour la fondation d'écoles destinées à propager l'instruction scientifique et littéraire et les meilleures méthodes de culture pour les champs et les jardins.

Les croyances superstitieuses dont nous avons parlé ont eté combattues et beaucoup ont disparu ou n'ont plus cours que dans quelques localités reculées.

L'ouvrage qui nous occupe est certainement un de ceux qui sont appelés à concourir le plus efficacement à cet heureux résultat. Il est le fruit d'un travail, d'un grand travail, de soins et d'observations suivies pendant plus d'un quart de siècle. Nous ne pouvons que le recommander à tout votre intérêt et à votre sérieuse attention.

La tâche de votre rapporteur ne serait pas complète si, avant de finir, il ne réclamait votre bienveillante indulgence pour l'excuser de n'avoir pas su condenser ce rapport et s'être laissé entraîner par des citations qui toutes lui paraissaient intéressantes, et en présence desquelles il était sans cesse arrêté par l'embarras du choix.

En terminant, il vous prie si, comme il n'a que trop lieu de le craindre, ces détails vous ont paru trop longs, d'en attribuer la faute, non à l'auteur du savant ouvrage que nous venons d'analyser, mais bien entièrement à l'insuffisance de votre rapporteur.

Châlons, imp. T. Martin

www.ingramcontent.com/pod-product-compliance
Ingram Content Group UK Ltd.
Pitfield, Milton Keynes, MK11 3LW, UK
UKHW020204200726
13856UKWH00003B/1180